Ghazala Butt
Aqsa Kazmi

Atividade antifúngica do extrato bruto de uma alga marinha Padina tetrastrometi

Ghazala Butt
Aqsa Kazmi

Atividade antifúngica do extrato bruto de uma alga marinha Padina tetrastrometi

ScienciaScripts

Imprint

Any brand names and product names mentioned in this book are subject to trademark, brand or patent protection and are trademarks or registered trademarks of their respective holders. The use of brand names, product names, common names, trade names, product descriptions etc. even without a particular marking in this work is in no way to be construed to mean that such names may be regarded as unrestricted in respect of trademark and brand protection legislation and could thus be used by anyone.

Cover image: www.ingimage.com

This book is a translation from the original published under ISBN 978-620-2-30464-1.

Publisher:
Sciencia Scripts
is a trademark of
Dodo Books Indian Ocean Ltd. and OmniScriptum S.R.L publishing group

120 High Road, East Finchley, London, N2 9ED, United Kingdom
Str. Armeneasca 28/1, office 1, Chisinau MD-2012, Republic of Moldova, Europe
Printed at: see last page
ISBN: 978-620-7-63353-1

Resumo

O objetivo do estudo foi avaliar a atividade antifúngica da *Padina tetrastromatica* da fossa arenosa costeira de Karachi, que pertence ao filo phaeophyta. Para a avaliação, foram preparadas quatro concentrações juntamente com o extrato bruto da alga em diferentes solventes para testar a sua atividade contra as espécies fúngicas que são patogénicas e causam várias doenças. Um controlo com outras concentrações comparáveis também foi testado em experiências. Os resultados da experiência foram excelentes em termos de atividade antifúngica. O extrato de clorofórmio apresentou os resultados mais fortes contra *Trichoderma* sp. com 40,3 ± 0,38 mm na concentração bruta e 32,1 ± 0,55 mm na concentração 1/1. O extrato menos ativo foi o extrato de n-hexano e metanol contra *Aspergillus niger, Botrytis* sp. e *Rhizopus stolonifer* na concentração de extrato mais baixa. Verificou-se também que o extrato de clorofórmio foi o mais eficaz contra todos os tipos de espécies com um resultado excelente. No entanto, a água não mostrou atividade contra todas as espécies de fungos, exceto *Trichoderma* sp. que mostrou a menor atividade.

Nas experiências realizadas, o extrato de n-hexano das algas provou ser um forte agente antifúngico contra *Penicillium notatum* em todas as concentrações. No entanto, o extrato de n-hexano a 1/100 (g/ml) não mostrou qualquer efeito contra *Aspergillus niger, Botrytis* sp. e *Penicillum stolonifer* devido à menor capacidade antifúngica (Quadro X-Apêndice 1).

O extrato de metanol foi um excelente agente antifúngico contra *Aspergillus oryzea* e *Botrytis* na concentração 1/1 com um máximo contra *Botrytis* na forma bruta. O efeito mais baixo foi contra *Aspergillus niger, Botrytis e Penicillium stolonifer na* concentração mais baixa (Quadro XI - Apêndice 1). Foram obtidos resultados fiáveis para todos os extractos em clorofórmio contra todos os fungos testados. O extrato de algas mais óbvio foi um forte agente contra *Trichoderma* sp. em todas as concentrações preparadas. A segunda atividade antifúngica mais forte foi mostrada contra *Penicillium notatum. A* menor atividade antifúngica foi observada contra *Rhizopus stolonifer* (Tabela XII - Apêndice 1). O extrato de Agal com água não mostrou qualquer atividade antifúngica contra todas as espécies de fungos, exceto *Trichoderma* sp. que mostrou a menor atividade, nomeadamente 8,3±1,2 mm em bruto, 7,6±0,7 para 1/1 e 1,5±0,28 na concentração 1/100 (Quadro XIII - Apêndice 1).

Capítulo 1 Introdução

A linha costeira do Paquistão tem 1050 quilómetros de comprimento e toca a fronteira com o Mar Arábico. A costa do Paquistão, na parte mais setentrional do Mar Arábico, inclui a costa do Baluchistão e de Makran, bem como a costa de Sindh. Karachi, a maior cidade do Paquistão, tem várias praias, várias ilhas e mangais. As zonas costeiras como Manora, Hawkesbay, Buleji, Sands pit e Paradise Point albergam uma variedade de algas marinhas (Valeem, 2007).

A costa de Sindh é estreita e tem um fundo relativamente plano. O rio principal é o Indo, que desagua no Mar Arábico e segue o seu curso ao longo da costa. Neste ponto, formam-se muitas baías, cursos de água e ilhas que parecem estender-se até à fronteira com a Índia. A faixa costeira raramente apresenta um crescimento florescente de algas marinhas, que se encontram frequentemente dispersas em baías e praias, costas rochosas e espuma à deriva e podem crescer nas poças de água (Tanaka e Shameel, 1992).

A costa de Carachi é densamente povoada de algas. As costas estão principalmente cobertas de algas castanhas, que podem ser amplamente utilizadas como forragem, alimento e fertilizante. Existem muitas praias famosas na costa de Carachi, no Paquistão. Entre elas, Sandspits é uma praia muito famosa na parte ocidental de Carachi. Aqui existe uma extraordinária coleção de algas e de vida marinha. Esta famosa praia é uma mistura de rochas e areia, sobre a qual existe uma grande variedade de algas marinhas (Mubina e Khatoon, 1988).

As algas são produtores férteis de ingredientes activos biológicos. Estas substâncias activas têm um carácter defensivo contra os microorganismos que ocorrem neste ambiente difícil. Nos últimos dez anos, o trabalho com algas para a produção de metabolitos com princípios activos biológicos aumentou significativamente. As algas possuem uma atividade biológica considerável através destas substâncias, tais como: atividade antitumoral, antiviral, antifúngica, inseticida, citotóxica, fitotóxica e antiproliferativa. Os polifenóis e os terpenos são dois componentes principais dos extractos de algas marinhas (Julio *et al.*, 2012).existem muitas espécies de algas marinhas, mas cerca de 6000 espécies foram identificadas e categorizadas em Chlorophyta, Rhodophyta e Phaeophyta.o relatório descrito afirma que as algas marinhas são consideradas uma boa fonte de substâncias bioactivas naturais. De facto, a importância das algas marinhas tem aumentado nas últimas três décadas devido à presença de metabolitos, bem como de compostos e actividades biológicas (Naja *et al.*, 2012).As Phaeophycota (algas castanhas) têm demonstrado grande eficiência no controlo de várias doenças das plantas. *A Laminaria digitata,* por exemplo, é um membro das algas castanhas, que são sempre utilizadas para o isolamento de polissacáridos para desencadear respostas de defesa nas plantas. Muitas algas são usadas para aumentar a atividade das peroxidases e a síntese de fitolexina em várias plantas que exibem forte resistência a doenças patogénicas (Julio *et al.*, 2012).

Existem muitos compostos biológicos nas algas marinhas que foram recolhidos durante as extracções. De acordo com muitos cientistas, as algas têm duas actividades principais: antifúngica e antibacteriana. No entanto, a literatura disponível sobre a atividade antibacteriana e antifúngica das algas vermelhas (Rhodophyta) é muito limitada. As algas marinhas, um membro da Rhodophyta: *Ceramium rubrum,* são muito abundantes ao longo da costa. Muitos cientistas observaram que os muitos membros dos extractos de algas marinhas em metano, especialmente das algas vermelhas, têm a capacidade de usar contra bactérias. Também é referido que muitos membros da Rhodophyta têm uma atividade antibacteriana significativa quando os extractos são obtidos em etanol e éter (Cortes *et al.*, 2014).

Muitos cientistas descobriram também que existem muitos compostos metabólicos das algas que têm um efeito antimicrobiano notável e são utilizados em benefício da humanidade. São observadas muitas actividades nas Rhodophyta: antibacteriana, antiviral, antifúngica, etc. As algas (algas vermelhas, algas verdes e algas castanhas) têm diferentes percentagens de atividade antibacteriana: 80, 62,5 e 61,9 por cento, respetivamente. A percentagem mais elevada de atividade antifúngica das algas (Rhodophyta, Phaeophyta e Chloropyta) é de 37, 33,3 e 8,3 por cento, respetivamente. Numa investigação recente, os cientistas observaram a atividade antimicrobiana máxima nas algas vermelhas (*Acanthaphora spicifera*) a 8 centímetros (Paindan *et al.*, 2011).

As algas marinhas são uma grande fonte de metabolitos biologicamente activos composto. Existe uma grande variedade de metabolitos de algas marinhas, cerca de 2500 entre 1977 e 1987. As algas marinhas são utilizadas em todo o mundo como fonte de alimento, especialmente as Phaeophyta para os seres humanos, uma vez que contêm polissacáridos, minerais, ácidos gordos polinsaturados e vitaminas. Recentemente, os cientistas relataram numerosas actividades biológicas das algas marinhas, tais como: actividades antibacterianas, antivirais, antioxidantes, anti-inflamatórias, citotóxicas e antimitóticas (Pandithurai *et al.*, 2015).

Ao longo do tempo, os cientistas têm demonstrado um grande interesse pela fauna e flora das algas marinhas, uma vez que as algas têm efeitos medicinais curativos. Após uma investigação contínua sobre as algas marinhas, os cientistas descobriram que as algas das regiões tropicais contêm substâncias bioactivas abundantes (Radhika e Priya, 2016).

Vários estudos sobre as propriedades antibacterianas das algas marinhas investigaram os efeitos dos extractos de algas marinhas em bactérias e fungos. Em 2015, Narasimha e Kausalya mostraram que os extractos de algas marinhas contêm ingredientes activos com efeito antimicrobiano, como o *Sargassum tenerrimum e o Sargassum polycystum,* que são utilizados para a produção de medicamentos que beneficiam a humanidade.

Muitos cientistas de todo o mundo realizaram um trabalho extraordinário sobre a atividade antifúngica. Também no Paquistão, Khanzada, juntamente com o seu colaborador (2007), mostrou o seu grande trabalho sobre a atividade antifúngica da alga vermelha *Solieria robusta*, utilizando 5 fungos diferentes recolhidos de frutos (patogénicos para plantas) contra um extrato de etanol e testemunhou que todas as concentrações de etanol apresentaram resultados notáveis. (Perez *et al,*.2016).

É evidente a escassez de trabalhos sobre as actividades antimicrobianas das algas, em particular dos membros do filo Phaeophycota. O objetivo deste estudo é, portanto, realizar uma investigação exaustiva deste importante e maior filo. Uma única espécie de alga castanha foi selecionada e estudada em pormenor.

Objetivo do estudo:

Este estudo visa atingir os seguintes objectivos:

- Revisão do espetro de atividade selvagem contra fungos.
- Estimativa da relação entre o extrato e a biomassa em diferentes solventes.
- Eficácia do extrato contra certos testes efectuados com diferentes solventes.

Foto 1: Exuberante crescimento de algas marinhas na costa de Karachi

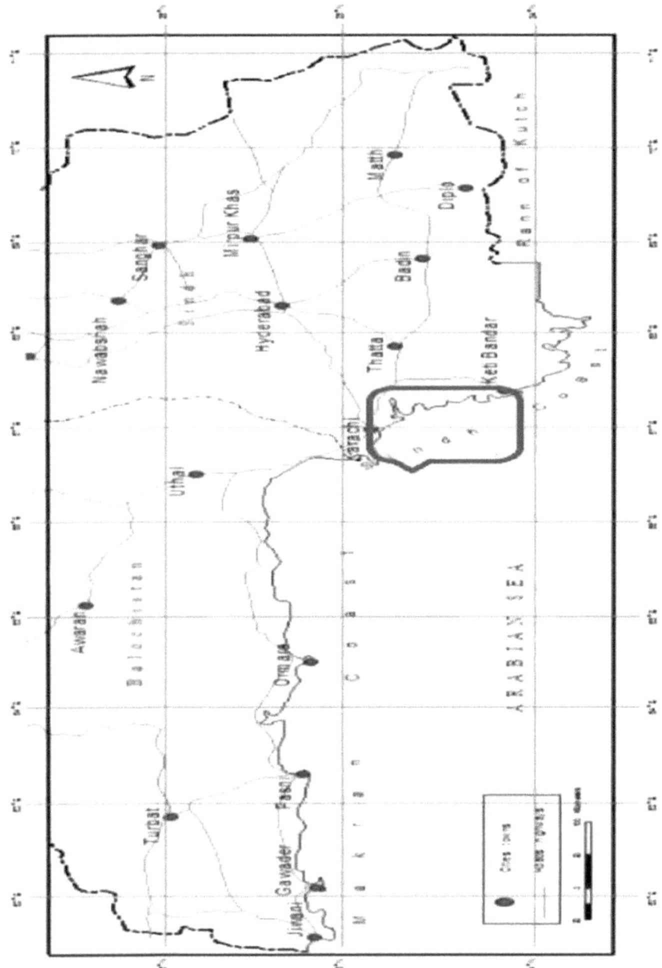

Fig. 1 Mapa que mostra a linha costeira do Paquistão.

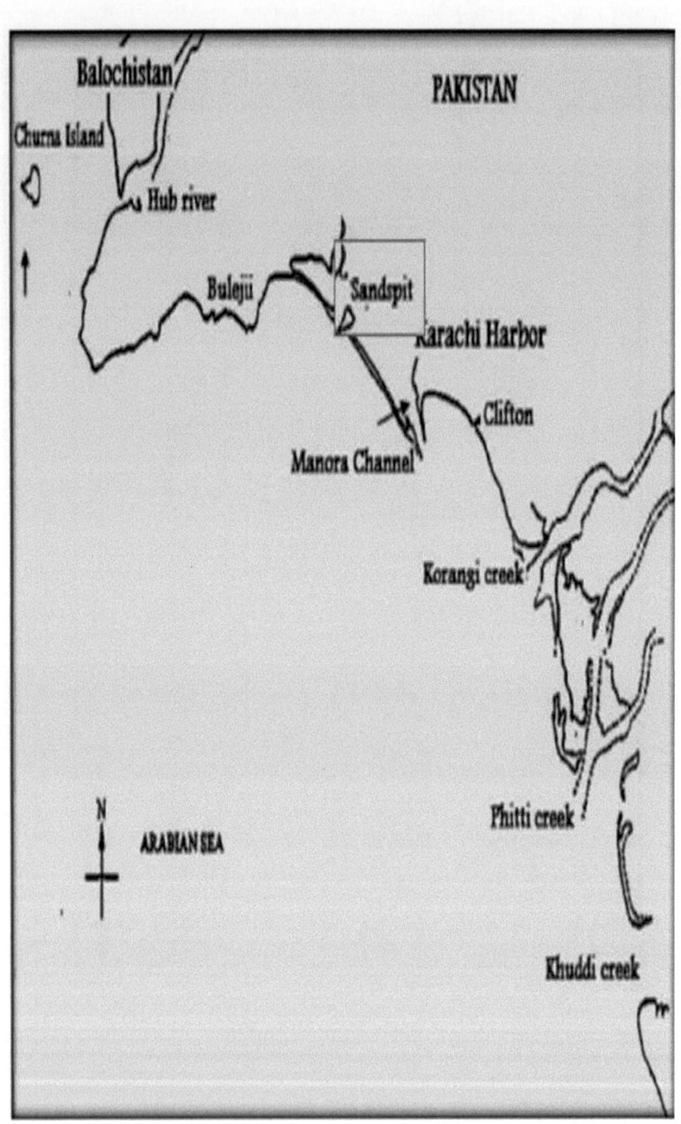

Balochistan
PAKISTAN
Churna Island
Hub river
Buleji
Sandspit
Karachi Harbor
Clifton
Manora Channel
Korangi creek
Phitti creek
Khuddi creek
N
ARABIAN SEA

Capítulo 2 Revisão da literatura

Naqvi *et al* (1980) recolheram 25 algas diferentes da costa indiana para estudar em laboratório várias actividades biológicas: propriedades antifúngicas, antibacterianas, antivirais e antifertilidade. Observaram uma atividade biológica notável em treze espécies de algas marinhas, das quais 3 espécies apresentaram uma atividade antifertilidade com um resultado de 100%.

Tariq (1991) recolheu quatro espécies de macroalgas: *Dilsea carnosa, Laurencia pinnatifida, Odonthalia dentata* e *Polysiphonia lanosa* do Mar Vermelho na Irlanda, Reino Unido, para investigar a atividade antifúngica contra *Aspergillus flavus, A. fumigatus* e *Candida albicans*. Não encontraram qualquer atividade antifúngica contra Aspergillus flavus *e A. fumigatus.*

Ballesteros *et al.* (1992) analisaram um total de 72 espécies de algas da região central do Mediterrâneo relativamente a várias actividades biológicas: actividades antibacterianas, antifúngicas, antivirais e citotóxicas. Várias espécies de Chlorophyta mostraram a maior atividade antifúngica e algumas espécies como *Lithophyllurn lichenoides, Phyllophora crispa, Cystoseira spp., Halopteris spp., Codium spp., Halimeda tuna, Valonia utricularis, Posidonia oceanica, Zostera noltii e Cyrnodocea nodosa* têm propriedades antifúngicas intensas.

Rizvi e Shameel (2004) recolheram todos os tipos de algas - verdes, vermelhas e castanhas - da costa de Karachi, Paquistão, e analisaram as suas actividades biológicas: Antifúngica, antibacteriana e fitotóxica. Verificaram que a *Botryocladia leptopoda* apresentou a maior atividade antifúngica do que a *Codium shameelii* Nizam. Também observaram muitos elementos: Ca, Cd, Co, Cr, Cu, Fe, K, Mg, Na, Pb e Zn em quantidades elevadas.

Ara *et al* (2005) relataram a atividade antifúngica de *Spatoglossum asperum* contra os fungos patogénicos de plantas *Macrophomina phaseolina, Rhizoctonia solani* e *Fusarium solani.* Foram utilizados vários solventes para obter os extractos de algas: Clorofórmio, metanol e etanol. Verificou-se que o metanol tinha a maior atividade antifúngica do que os outros extractos de solventes.

Tuney *et al.* (2006) relataram a recolha de onze algas na costa de Urla. Todas as amostras de algas - *Cystoseira mediterranea, Enteromorpha linza, Ulva rigida, Gracilaria gracilis, Ectocarpus siliculosus, Padina pavonica, Colpomenia sniosa, Dictyota linearis, Dictyopteris membranacea, Ceramium rubrum e Acanthophora nojadiformis* - foram imersas em metanol, acetona, éter dietílico e etanol e tratadas para a sua atividade antimicrobiana contra várias espécies de Candida. As espécies imersas em éter etílico apresentaram boas zonas de inibição em comparação com a acetona e o metanol.

Luis Morales *et al* (2006) registaram a presença de várias algas *Avrainvillea nigricans, Codium decorticatum, Halymenia floresia, Laurencia obtusa, Sargassum filipendula* e *Sargassum hystrix* na costa da Península de Yucatan. O método de difusão em poço *foi utilizado* para as estirpes bacterianas e fúngicas *Staphyloccocus aureus, Bacillus subtilis* e *Trichophyton mentagrophytes*. Os extractos de algas mostraram a zona de inibição máxima para as manchas bacterianas e uma zona de inibição mais baixa para os fungos.

De Almeida *et al* (2011) relataram a importância biológica das algas marinhas. Isolaram muitos compostos que têm sido utilizados contra doenças tais como doenças bacterianas e fúngicas, cancro e (SIDA). Fizeram um excelente trabalho sobre a *Gracilaria*, recolhendo os seus extractos para verificar as actividades antimicrobianas. Analisaram as 19 espécies diferentes deste género quanto à sua atividade antibacteriana, antiviral e antifúngica.

Manivannan *et al* (2011) relataram a atividade antifúngica de algas, *Turbinaria conoides (T. conoides), Padina gymnospora (P. gymnospora)* e *Sargassum tenerrimum* contra *Bacillus subtilus, Klebsiella pneumoniae,* Cryptococcus *neoformans* e *Aspergillus niger*. O metanol, a acetona e o etanol foram utilizados para recolher o extrato bruto das algas, com cada um dos solventes a mostrar diferentes zonas de inibição, mas a acetona a mostrar a zona de inibição máxima.

Pandian *et al* (2011) relataram a atividade antifúngica e antibacteriana de uma única alga marinha: *Acanthaphora spicifera* e imergiram-na durante várias semanas em diferentes solventes: éter de petróleo, clorofórmio e metanol. Foram utilizadas diferentes amostras de fungos e bactérias: *Escherichia coli, Bacillus subtilis, Bacillus palmitus, Pseudomonas aeruginosa, Candida albicans, Microsporum gypseum* e *Aspergillus niger* para verificar as actividades. O método de difusão em disco foi utilizado para a atividade antifúngica. O extrato metanólico mostrou uma elevada atividade fúngica e bacteriana em comparação com outros extractos.

Saidani *et al.* (2012) investigaram a atividade antifúngica de algas marinhas da Argélia utilizando o método de difusão em ágar. As concentrações inibitórias mais elevadas foram encontradas para *Rhodomela conferroides* (alga vermelha) e *Padina pavonia* (alga castanha). *Aspergillus* sp. mostrou resistência ao extrato metanólico.

Mhadhebi *et al* (2012) relataram a atividade antifúngica de seis algas marinhas diferentes recolhidas na costa tunisina contra várias estirpes fúngicas de *Staphylococcus thyphymerium, Pseudomonas aeruginosa, Enterococcus feacium* e *Listeria monocytogenes*. Todas estas algas foram imersas em diferentes solventes: clorofórmio, acetato de etilo e metanol. Entre estes solventes, apenas dois solventes: clorofórmio e acetato de etilo mostraram uma atividade máxima contra 4 manchas de Candida.

Naja *et al.* (2012) relataram a atividade antifúngica de duas espécies de macroalgas de Phaeophyta *Padina pavonica* e *Sargassum vulgare* recolhidas na costa libanesa. O método de difusão em disco foi utilizado para estimar a atividade antifúngica das algas marinhas imersas em quatro tipos diferentes de solventes (éter de petróleo, acetato de etilo, butanol e aquoso) contra espécies de Candida. *A Padina pavonica* apresentou a menor atividade antifúngica e o *Sargassum vulgare* não apresentou qualquer atividade.

Julio *et al* (2012) relataram a importância da atividade antifúngica em relação à produção agrícola. Para este estudo, eles trabalharam com 10 espécies diferentes de macroalgas pertencentes a diferentes filos: *Stypopodium zonale, Laurencia dendroidea, Ascophyllum nodosum, Sargassum muticum, Pelvetia canaliculata, Fucus spiralis, Sargassum filipendula, Sargassum stenophyllum, Laminaria hyperborea* e *Gracilaria edulis. S. zonale, L. dendroidea, P. canaliculata, S. muticum, A. nodosum* e *F. spiralis* e os fungos utilizados contra estas espécies foram: *Colletotrichum lagenarium* e *Aspergillus flavus*. Utilizando o método de difusão em disco, verificou-se que os extractos de algas mostraram uma inibição máxima para C. *lagenarium* e nenhuma inibição para *A. flavus*.

Amara *et al* (2012) relataram sobre a importância medicinal das algas marinhas e a coleta de macroalgas da praia de Riacho Doce, Alagoas (Brasil) para atividade antifúngica e diferentes solventes foram utilizados para a coleta de extratos de diferentes materiais de algas marinhas: Diclorometano, clorofórmio, metanol, etanol, água e clorofórmio e hexano contra espécies de Candida. Os extractos de diclorometano, metanol e etanol apresentaram a zona de inibição máxima para Candida, enquanto os outros solventes apresentaram uma zona de inibição menor.

Cortes *et al.* (2014) coletaram a alga vermelha *Ceramium rubrum* na costa chilena do Pacífico para investigar suas atividades biológicas contra *Yersinia ruckeri e Saprolegnia parasitica,* que causam doenças em salmonídeos. Para o efeito, utilizaram dois solventes: água e diclorometano para obter o extrato. Verificaram que o *Ceramium rubrum possui uma* atividade antimicrobiana considerável.

Lopes *et al* (2015) relataram as propriedades biológicas promissoras dos extractos de algas marinhas. O extrato de Phlorotannium mostrou resultados significativos em termos de atividade antifúngica relatada contra várias cepas de leveduras e dermatófitos.

Pandithurai *et al* (2015) relataram as actividades antifúngicas de diferentes extractos de solventes da alga castanha *Spatogiossum asperum* contra três fungos dermatófitos diferentes. A atividade antifúngica máxima foi observada contra os extractos clorofórmico e metanólico.

Khallil *et al* (2015) relataram a atividade antifúngica de cinco algas da Pheaophyta *Sargassum vulgarus* e *Cystoseria barbata* contra as espécies de fungos *Alternaria alternata* e *Penicillium citrium*. Alguns extractos de algas não mostraram efeitos inibitórios detectáveis (atividade antifúngica), enquanto outros melhoraram algumas espécies de fungos.

Shimaa *et al* (2015) relataram a atividade antimicrobiana de algas vermelhas e castanhas, Ceramium rubrum. Sargassum vulgare, Sargassum fusiforme e Padina pavonia, cada uma encontrada no Mar Vermelho, no Egipto. Todas estas algas foram imersas em etanol e éter dietílico. Todos os extractos mostraram uma boa atividade antifúngica contra Candida.

Radhika & Priya (2016) relataram que o material bruto e as fracções de algas, *Acantropora spicifera* de Rhodophyta, *Padina tetrastromatica* de Pheaophyta e *Caulerpa scalpelliformis* de Chlorophyta foram extraídos de etanol, metanol e água-forte. Foram depois comparadas quanto à sua atividade antifúngica contra diferentes estirpes de fungos, nomeadamente *Aspergillus terrus, A. fumigatus, Gibberline* sp., *Alternaria* sp. e *Ganoderma sp. utilizando* a técnica de difusão em disco. *O Ganoderma* sp. apresentou a atividade mais baixa contra todos os agentes patogénicos testados.

Perez *et al* (2016) referiram que as algas devem ser cultivadas em grandes quantidades, uma vez que contêm compostos altamente activos biologicamente que são utilizados para combater organismos patogénicos. Todos estes compostos são encontrados esporadicamente nas algas devido à sua atividade antipatogénica, e todos estes compostos pertencem a polissacarídeos, ácidos gordos, clorotaninos, pigmentos, lectinas, alcalóides, terpenóides e compostos halogenados.

1. domínio do inquérito:

O areal tem uma plataforma arenosa e uma plataforma rochosa. A totalidade da recolha de macroalgas foi efectuada nesta zona em 13 de dezembro de 2016. Existe uma coleção de algas marinhas e de vida marinha muito invulgar em Sandspit. Esta famosa praia é uma mistura de rochas e de areia onde se encontra uma grande variedade de algas. A temperatura de Sandspit durante a recolha era de 31°C e situa-se perto de Hawkes Bay, no sudoeste de Carachi, a 24°.8404" de longitude e 66°.9098" de latitude.

Foto 2: Vista de material de algas marinhas em Sandspit, costa de Karachi.

2. Apparecchiature e vetreria

- Foglio di alluminio
- Bicchieri (250ml, 500ml)
- Pellicola aggrappante
- Matracci conici (250ml, 500ml, 1000ml)
- Piralide del sughero n. 4
- Cotone
- Tamponi di cotone
- Contagocce
- Carta da filtro
- Imbuto
- Fiale di vetro

- Marcatore
- Scatola di fiammiferi
- righello di misurazione
- Libro delle note
- Nastro di carta
- Piastre di Petri
- Pipetta
- Spirito lam
- Provette
- Supporto per provette
- Ago da inoculo

3. Strumenti

- Flusso d'aria laminare

- Autoclave

- Centrifuga

- Piastra calda

- Frigorifero

- Incubatore

- Bilancia di pesatura

4.Prodotti chimici necessari
Cloroformio

- **Metanolo**

- Agar

-Agar destrosio di   patate

- n-esano

- Acqua

5. Recolha de algas marinhas:

O material experimental de algas encontrava-se em estado de deriva e alguns em estado de crescimento. O material de algas castanhas foi colhido à mão do areal durante a maré baixa e colocado diretamente nos sacos de polietileno. Depois de transportados para o laboratório da Universidade de Karachi, foram cuidadosamente lavados com água corrente da torneira para remover toda a areia e as epífitas aderentes.

6. Identificação:

As algas castanhas recolhidas na costa foram identificadas como *Padina tetrastromatica* (Departamento de Botânica, Universidade de Karachi) e preservadas para estudos posteriores. As algas foram depois secas num local à sombra e armazenadas a 4 °C para estudos posteriores.

7. Maceração e extração:

Foram utilizados diferentes solventes para obter os extractos de algas: n-hexano, clorofórmio, água e metanol. O material de algas triturado (200 g) foi embebido em cada solvente durante três semanas para preparar os extractos. Foi utilizado um evaporador rotativo (HS-2005S-N) para evaporar os solventes extraídos após três semanas de imersão com agitação constante para obter um extrato bruto da alga *Padma tetrastromatica*. Todos os extractos foram armazenados a uma temperatura de 4°C.

8. Produção de diluições de extractos de algas:

Foram preparadas várias concentrações juntamente com os respectivos solventes impregnados. Para testar os objectivos experimentais, foram preparadas quatro concentrações diferentes através da adição de extrato especialmente pesado em solventes medidos. Da mesma forma, 1/1, 1/10, 1/50 e 1/100 foram preparados dissolvendo em gramas em solventes medidos e finalmente armazenados a 20°C para a atividade antifúngica.

9. Preparação dos suportes:

Preparação de ágar dextrose de batata (meio fúngico) e condições assépticas:

Foi utilizado um meio de ágar dextrose de batata (PDA) (Quadro II) para cultivar as amostras de fungos (Johansen, 1940).

Quadro II: Quantidade dos componentes do meio PDA em g/L.

Components	Amount used (g/L)
PDA	39
Water	To make final vol. 1L

Adicionaram-se 39 g de ágar dextrose de batata em pó ao Erlenmeyer com um volume de 1 litro, após pesagem específica, e o volume final foi aumentado para 1000 ml. O pH do meio foi ajustado para 5,6 ± 0,2 com o ácido HCl 0,1N e a base NaOH 0,1N. A mistura foi autoclavada a 121°C e 15 psi de pressão durante 15 minutos para obter a condição de esterilização máxima.

10. Preparação dos discos multimédia:

Todos os dispositivos experimentais foram autoclavados durante 15 minutos a 21 °C e 15 psi de pressão e esterilizados durante a noite a 180 °C numa estufa. Deitaram-se 15 ml de meio em cada placa de Petri e taparam-se bem com uma tampa para evitar a contaminação.

11. Perfuração em placas de petri:

A broca de cortiça n.º 4 (Cat.: 300-250) foi utilizada para fazer poços em placas de Petri com meios solidificados. A broca de cortiça foi imersa em álcool para obter um resultado exato e evitar a contaminação.

12. Agentes patogénicos utilizados no teste:

As espécies fúngicas foram obtidas no Departamento de Biotecnologia, GCU, Lahore. Os agentes patogénicos fúngicos foram mantidos em ágar dextrose de batata (PAD) em placas de Petri para *estudar a* sua atividade antifúngica contra *Padma tetrastromatica* (quadro I).

Tabela I: Estirpes fúngicas seleccionadas para a atividade antifúngica da *Padina tetrastromatica.*

Sr. No	Test Organism	Reason of selection
1	*Aspergillus niger*	Cause aspergillosis and hypersensivity reactions such as asthama and allergic alveolitis in humans. Also causes disease in many cereals.
2	*Aspergillus oryzae*	More than 60 *Aspergillus* species are medically relevant pathogens. For humans, a range of diseases such as infection to the external ear, skin lesions, and ulcers classed as mycetomas are found. Therefore, koji mold such as *Aspergillus oryzae* is used to first break down the starches into simpler sugars.
3	*Trichoderma* sp.	*Trichoderma* sp. is the causal agent of green mold rot of onion. But, Dieback of *Pinus nigra* seedlings caused by a strain of *Trichoderma* is known.
4	*Rhizopus stolonifer*	Cause food spoilage and also causes many diseases of plants and animals.
5	*Botrytis* sp.	The plant pathogenic fungus *Botrytis* is found virtually everywhere plants are grown. It is fast growing, can grow on many different sources of nutrients, survives well in the greenhouse, and can attack many different types of plants. The disease caused by *Botrytis* is commonly called *Botrytis* blight or gray mold.
6	*Penicillium notatum*	Cause invasive disease of pulmonary infection and also cause upper uniary tract infection.

13. Inóculo fúngico:

Transferir a placa de Petri solidificada com o meio ou a mancha fúngica de acordo com a rotulagem. O mesmo procedimento é repetido para o controlo (flucanozole). Para o método do disco, retirou-se um disco fúngico da placa de Petri totalmente cultivada com uma rolha e um berbequim e colocou-se no centro do meio na placa solidificada, tendo-se feito poços nos cantos da mesma placa de Petri e deitado neles diferentes concentrações de material fúngico para testar a atividade antifúngica da *Padina tetrastromatica*.

14. Enchimento das placas de Petri com extrato de algas:

Os extractos de algas são adicionados aos poços correspondentes em diferentes solventes (*n-hexano*, clorofórmio, metanol e água), dependendo da concentração. Devem ser adicionados 10 uL de cada extrato a cada placa de Petri.

15. Incubação das placas:

Depois de verter o extrato, todas as placas de Petri foram incubadas durante 48 horas a 25±2 °C e os resultados foram anotados após 24 e 48 horas.

16. Medição da zona de inibição:

Depois de colocar os fungos na incubadora, mede-se com uma régua, em milímetros, o diâmetro da zona de inibição que aparece após 48 horas. Para visualizar a medida da zona de inibição em função da concentração dos diferentes solventes, a medição deve ser efectuada.

17. Método de difusão em poço de ágar:

O método de difusão em ágar foi utilizado para investigar a atividade antifúngica de vários extractos de solventes da alga castanha *Padma tetrastromatica* (Kirby *et al.*, 1956)

Foto 3: Recolha de material de algas de Sandspit, costa de Karachi.

Foto 4: Vista da costa marítima, poços de areia na costa de Karachi.

Foto 5: Lavagem das algas recolhidas no poço de areia.

Foto 6: Processo de secagem de algas num local com sombra.

Foto 7: Material de algas (*Padina tetrastromatica*) cortado para a experiência.

Foto 8: Pesagem do material de algas (*Padina tetrastromatica*) para imersão.

Foto 9: Imersão de *Padina tetrastromatica* em vários solventes durante três semanas.

Foto 10: Filtração de material de algas embebido em vários solventes.

Foto 11: Solventes extraídos após filtração (metanol, n-hexano, clorofórmio e extrato aquoso).

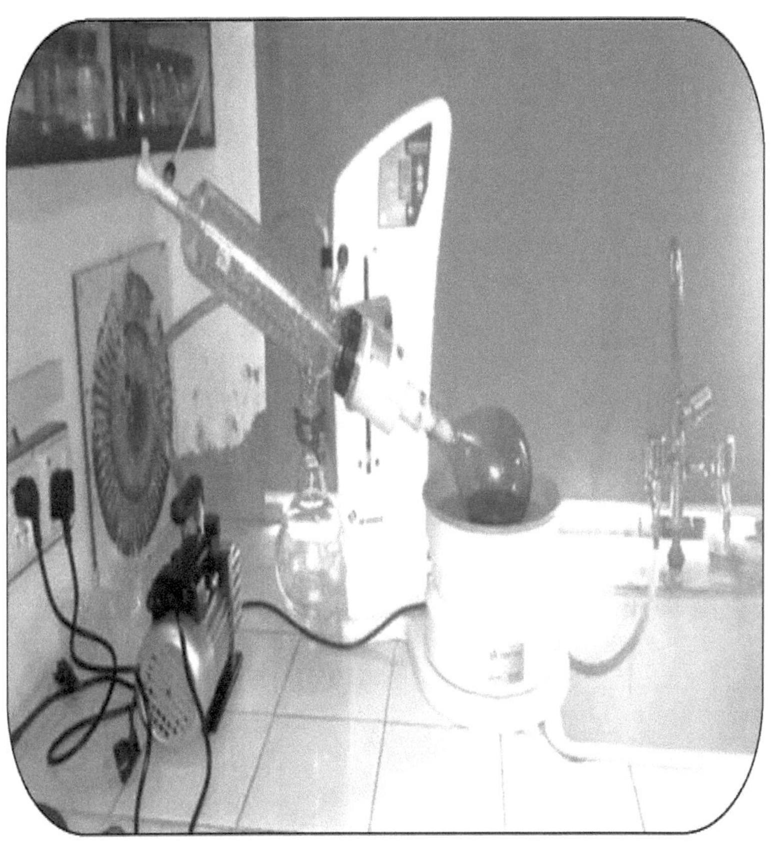

Figura 12: Evaporação dos solventes extraídos com um evaporador rotativo.

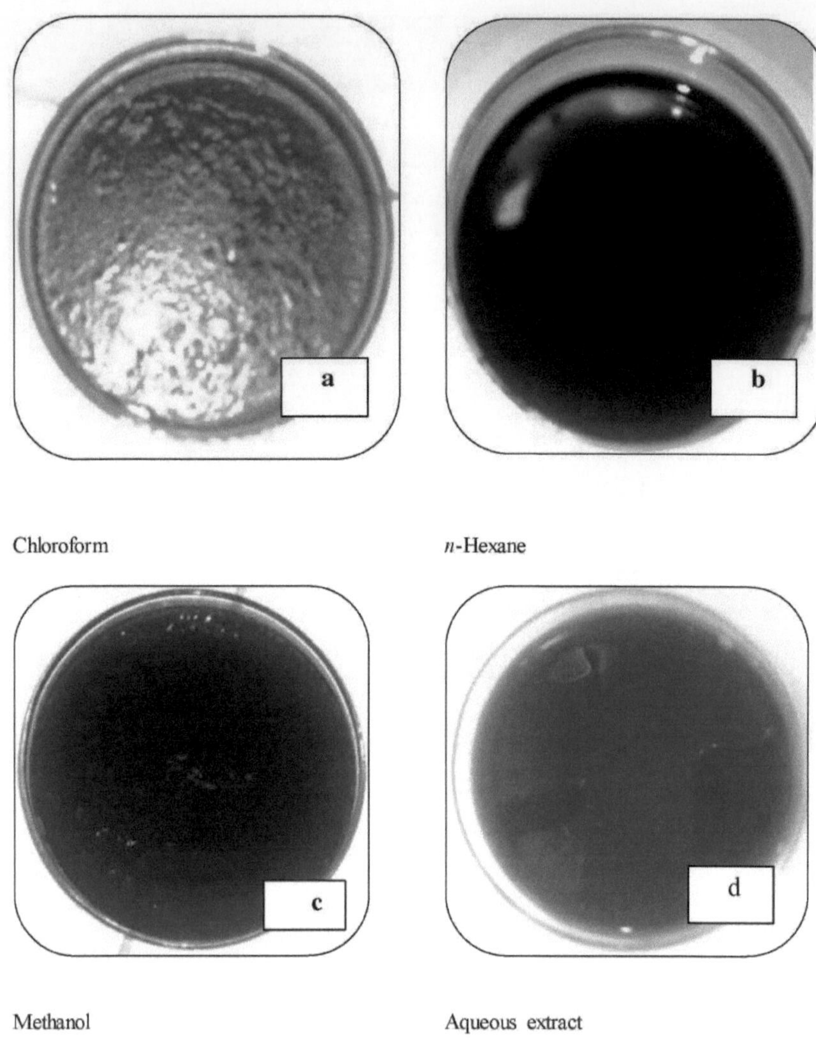

Foto 13: Extractos brutos de algas marinhas em clorofórmio, *n-hexano*, metanol e extrato aquoso.

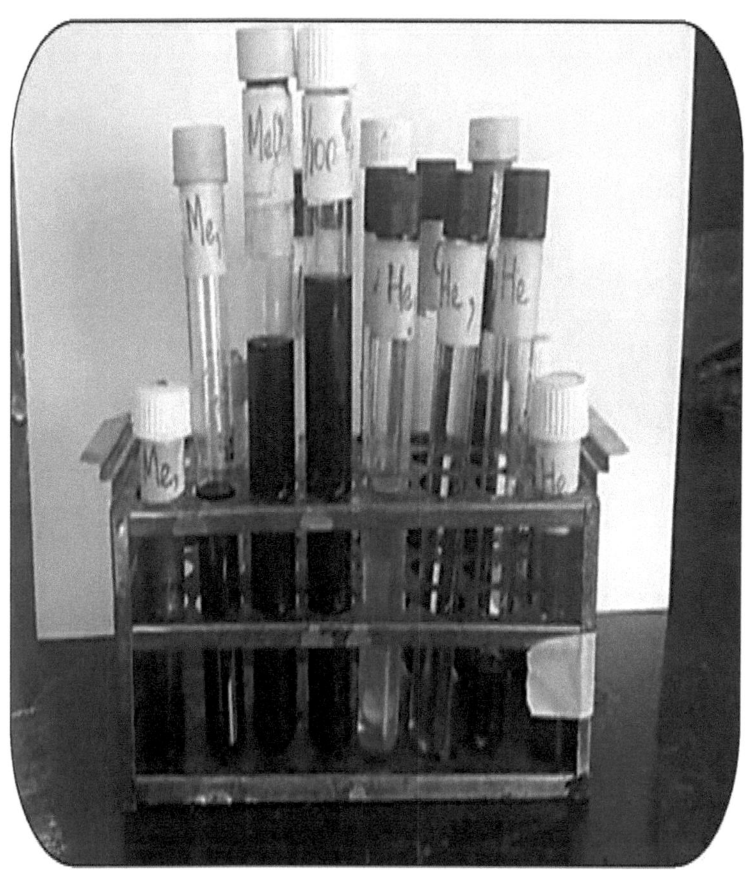

Fig. 14: Concentrações (1/1, 1/10, 1/50 e 1/100) dos extractos de algas a partir dos respectivos solventes.

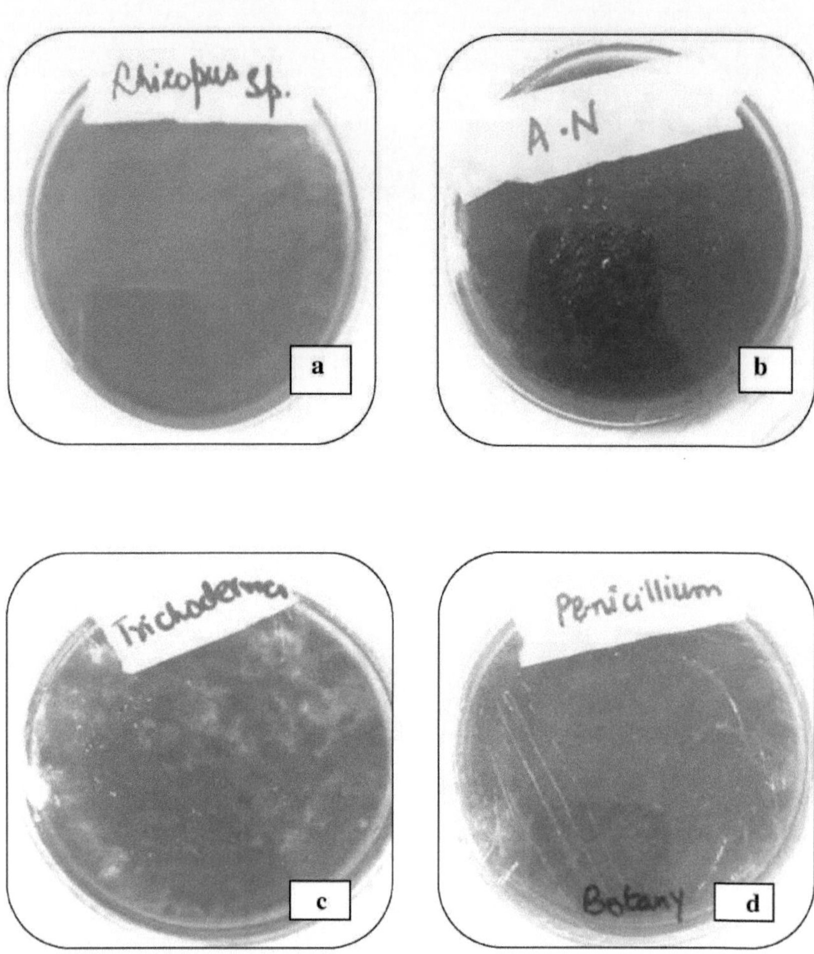

Foto 15: Espécies de fungos (a) *Rhizopus stolonifer* (b) *Aspergillus niger* (c) *Trichoderma* sp. (d) *Penicillium notatum*

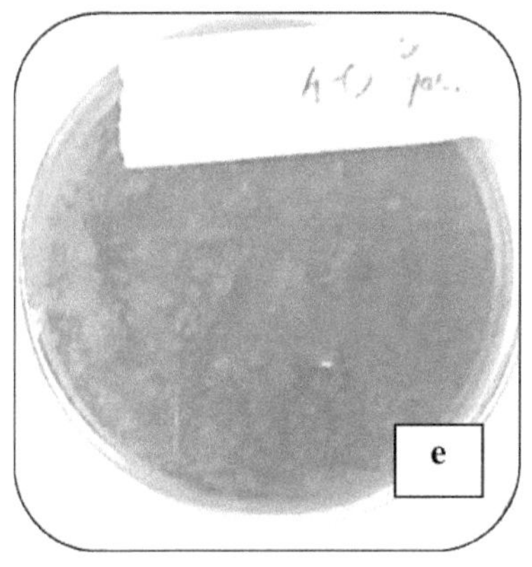

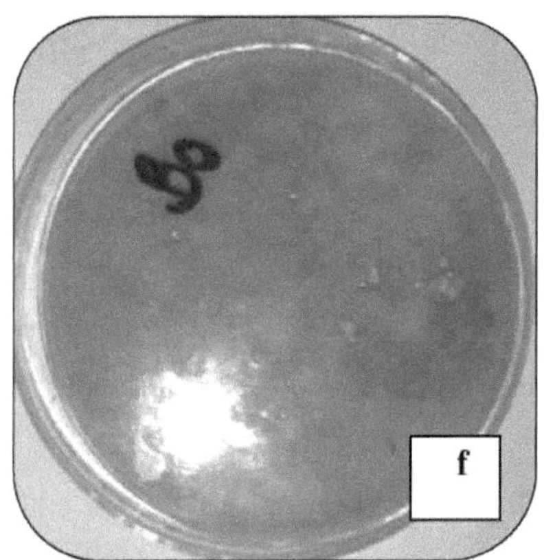

Foto 16: (e) *Aspergillus oryzea* (f) *Botrytis* sp.

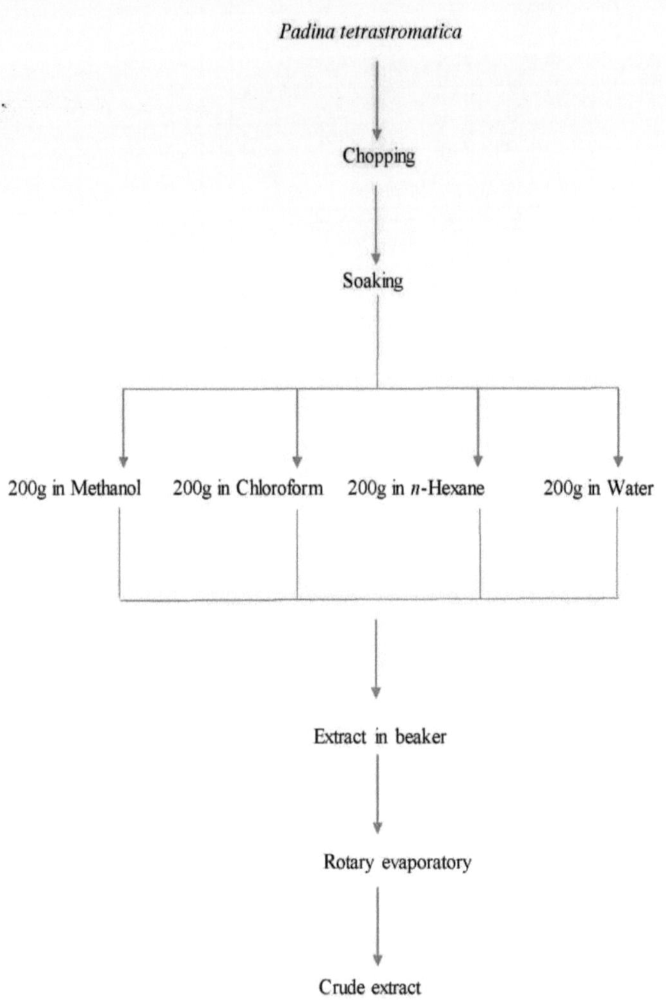

Esquema 1: Extração de *Padina tetrastromatica* F. Hauck para o extrato bruto.

Capítulo 4 Resultados e discussão

Verificou-se que a flora de algas marinhas do Paquistão é extremamente rica e diversificada, bem como a grande variedade de habitats marinhos. Com o passar do tempo, observa-se que o interesse comercial pelas algas marinhas está a aumentar de dia para dia, o que leva a um estudo mais centrado na biodiversidade. O presente estudo baseia-se na atividade antifúngica da alga castanha *Padina tetrastromatica* contra várias espécies de fungos.

Padina tetrastromatica F. Hauck

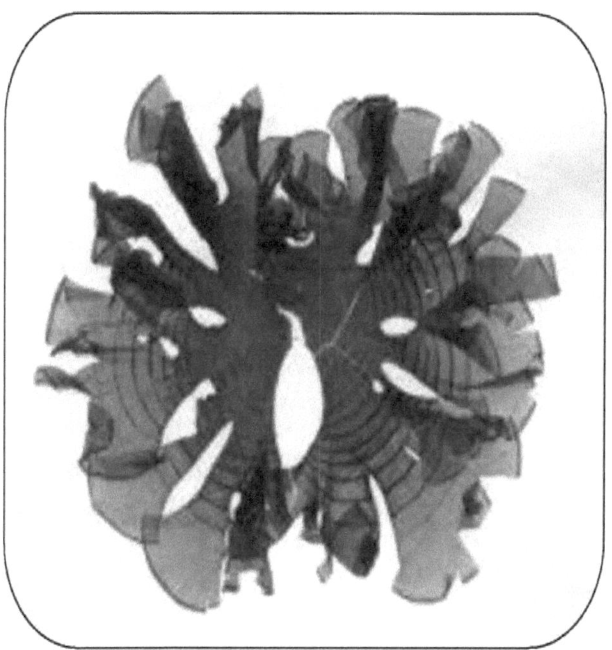

Figura 17: Morfologia de *Padina tetrastromatica* F. Hauck

Classificação

Padina tetrastromatica *pertence ao* Filo Phaeophycota de acordo com a classificação de Shameel (2008 & 2010).

Reino dos Protoctistas

    Filo Phaeophycota

        Classe Dictyophyceae

            Ordem Dictyotales

                Família Dictyotaceous

                    Género *Padina*

                        Padina tetrastromatica F. Hauck

Reino dos Protoctistas

Organização coenocítica ou simples e múltipla.

Filo Phaeophyta

Esporângios uniloculares e pluriloculares.

Classe Dictyophyceae

Alternância isomórfica da geração.

Ordem Dictyotales

Parenquimatosa; reprodução sexual ogâmica: Dictyotaceae, Dictyota.

Família Dictyotaceous

Talos ou frondes de tamanho médio a grande, simples ou ramificados: Crescimento por uma célula apical ou iniciais marginais; segmentos em forma de leque, radiantes, semelhantes a folhas, ramificados ou lobados; compostos por uma camada central ou camadas de células grandes e uma única camada de células periféricas pequenas de cada lado da superfície; alternância isomórfica de gerações; órgãos reprodutores em sori; esporângios produzindo 4 ou 8 esporos; ovos nascidos individualmente nos oogónios superficiais; anterídios superficiais, pluriloculares, produzindo anterozóides biflagelados (um único flagelo rudimentar visível apenas ao microscópio eletrónico). A família é constituída por apenas 7 géneros que ocorrem na costa da Líbia e outros tantos géneros que ocorrem noutras partes da costa mediterrânica.

Padina F. Hauck

Talos com estilo em forma de disco, emaranhados, rizoidais, filiformes, em algumas espécies também com frondes simples; frondes castanho-amareladas, castanho-escuras ou verde-azeitona; pedúnculo geralmente curto. Comprimidos a cilíndricos, raramente achatados; calcificação rara, alguns talos têm calcificação em pequena quantidade; as frondes variam de esféricas, em forma de rim ou em forma de rim, em forma de cinta ou ovais; pêlos feofíticos frequentemente numa superfície do talo, órgãos reprodutores sexuais ou assexuados, dispostos em zonas concêntricas, geralmente encontrados numa única superfície do talo.

Padina tetrastromatica F. Hauck

Características taxonómicas: Talo até 14 cm de altura, ligado por meio de um aparelho de sustentação em forma de disco, fibroso e coriáceo; cor castanha escura a castanha amarelada, 2-6 frondes nascem de um único aparelho de sustentação; estipe curto, achatado, 4-5x 3-5 mm, não calcificado; frondes fortemente incisas tanto na fase jovem como na fase adulta, cada lóbulo geralmente em forma de clube, incisão tão profunda que cada lóbulo do talo adulta aparece como um indivíduo separado; margem lisa e enrolada.

Referências: F. Hauck, 1887

Localidade: Sandspit, costa de Karachi

Quadro III: Biomassa de algas antes e depois da extração

Solvents	Biomass (g)	Biomass after extraction (g)	Extract (g)	% of extracts
n- Hexane	200	172.2	27.8	13%
Methanol	200	155	45	22.5%
Chloroform	200	190	10	5%
Water	200	169.32	30.68	15.34%

De acordo com o quadro III, a *Padina tetrastromatica* foi tratada com metanol, clorofórmio, n-hexano e água durante cerca de 3 semanas, nas quais a alga foi embebida. A quantidade de extrato do solvente metanol foi de cerca de 45 g (22,5%), o que é bastante elevado em comparação com o n-hexano, o clorofórmio e a água. A biomassa foi novamente pesada e a quantidade foi de 155 g no caso do metanol, enquanto foi de 190 g, 172,2 g e 169,32 g para o clorofórmio, o n-hexano e a água, respetivamente. Esta perda de peso deve-se à evaporação da água das algas. Tanto o extrato como a biomassa têm uma certa relação entre si. O extrato metanólico de *Padina tetrastromatica foi* comparado com o clorofórmio, o *n-hexano e a* água.

1. Atividade antifúngica de *Padina tetrastromatica* F. Hauck:

Durante as experiências, as placas de Petri foram analisadas para medir a zona de inibição da *Padina tetrastromatica*. Diferentes extractos de algas contra espécies de fungos foram lidos a partir da borda de um círculo até à borda do segundo círculo. Para evitar incertezas devidas a um crescimento irregular, foram efectuadas duas leituras de um único círculo. Foi calculado um valor médio nos quadros respectivos:

2. comparação das espécies de fungos com diferentes solventes (*n-hexano*, metanol, clorofórmio e água):

1. *Trichoderma* sp.

Os extractos de algas em clorofórmio apresentaram resultados notáveis contra *Trichoderma* sp. e foram muito próximos do controlo utilizado nas experiências. A zona de inibição mais elevada foi de 32±.55mm na graduação 1/1, que foi muito próxima do controlo (33.1±0.6) na mesma concentração.

Por outro lado, outros extractos, como o n-hexano e o metanol, ficaram longe dos resultados do clorofórmio e do controlo. As outras concentrações de clorofórmio e o controlo foram comparativamente próximas umas das outras com diferenças muito pequenas (Fig. 3).

Tabela IV. Zona de inibição (mm) de *Trichoderma* sp.

Concentrations	Control (mm)	*n*-Hexane (mm)	Chloroform (mm)	Methanol (mm)	Aqueous extract (mm)
Crude		7.2±0.4	40.3±0.38	28.2±0.38	0±0
1/1	33.1±0.6	6.8±1.	32±0.55	5.8±0.43	0±0
1/10	30.2±0.44	2.7±0.7	29.4±0.35	8.3±0.5	0±0
1/50	24.9±0.15	2.4±0.23	27.4±0.31	16.2±0.63	0±0
1/100	27.7±0.5	1.7±0.47	24.9±0.9	20.4±0.95	0±0

*Os resultados relatados foram realizados em triplicado e expressos como média ± S.E.

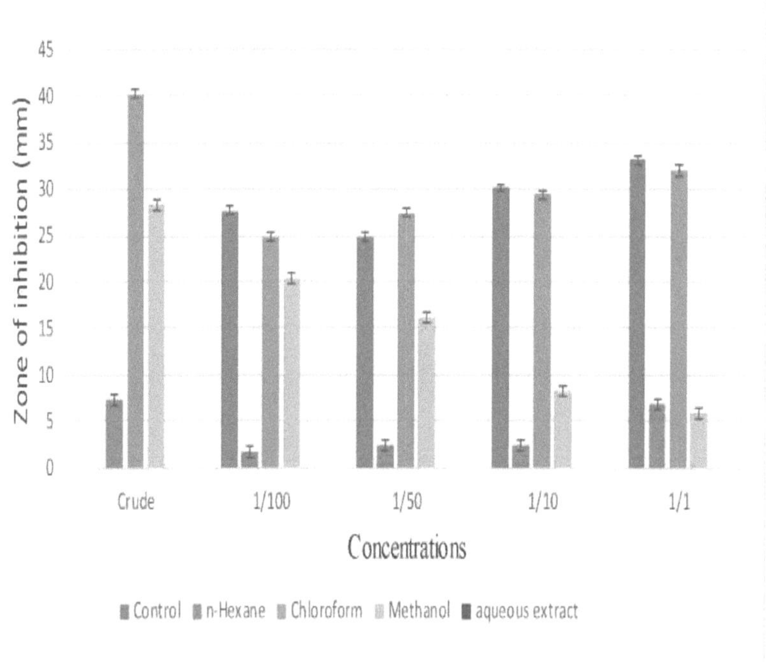

Fig. 3 Representação gráfica *de Trichoderma* sp. em diferentes concentrações.

2. *Rhizopus stolonifer:*

Os extractos de algas de *Padina tetrastromatica* não mostraram resultados muito positivos contra *Rhizopus stolonifer*. O extrato de algas em metanol mostrou resultados notáveis com uma zona de inibição máxima (24,36±0,73) a uma concentração de 1/1. Os outros valores do metanol foram ainda comparativamente mais elevados do que os do controlo. Por outro lado, os extractos de algas em n-hexano e clorofórmio não apresentaram resultados comparáveis aos do metanol e do controlo. Os extractos brutos em metanol e n-hexano apresentaram valores muito positivos de 29,6±0,88 mm e 19,3±0,4 mm, respetivamente (Tab. V), que foram muito superiores ao valor mais elevado do controlo (Fig. 4).

Quadro V: Zona de inibição (mm) de *Rhizopus stolonifer*.

Concentrations	Control (mm)	*n*-Hexane (mm)	Chloroform (mm)	Methanol (mm)	Aqueous extract (mm)
Crude		19.3±0.40	9.5±0.45	29.6±0.88	0±0
1/1	15.2±0.47	8.2±0.38	8.5±0.83	24.36±0.7	0±0
1/10	8.1±0.37	6.8±1.09	3.3±0.35	18.8±0.66	0±0
1/50	9.3±0.6	0±0	0±0	17.83±0.44	0±0
1/100	2.3±0.6	0±0	0±0	11.4±0.45	0±0

*Os resultados relatados foram realizados em triplicado e expressos como média ± S.E.

Zone of inhibition of *Rhizopus stolonifer* in control, *n*-Hexane, Chloroform, Methanol and Aqueous extract with different concentrations after 24 hrs.

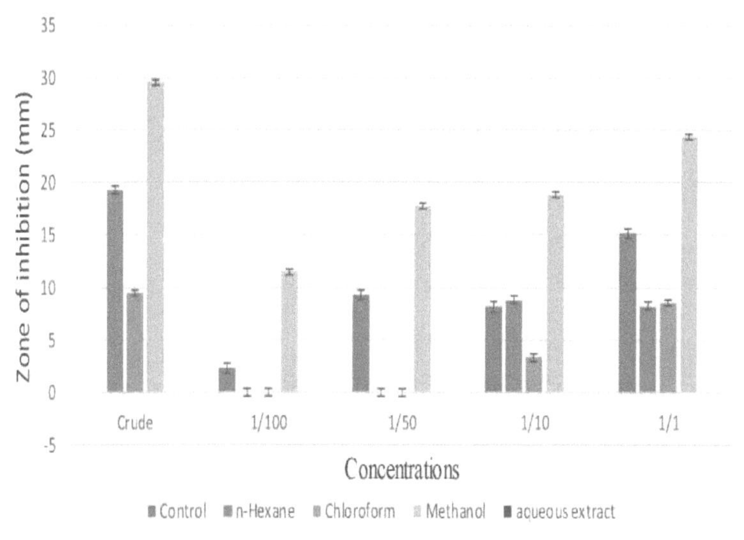

Fig. 4 Representação gráfica de *Rhizopus stolonifer* em várias concentrações.

3. *Aspergillus niger:*

O Aspergillus niger foi testado contra extractos de algas e o extrato de clorofórmio mostrou um valor máximo de 22,2±0,68 mm a 1/1 de concentração mais elevada, que é maior do que o metanol, *n-hexano* e até mesmo o controlo com valores de 8,4±0,83 mm, 9,03±0,83 mm e 8,06±1,6 mm, respetivamente (Tabela VI). No entanto, as baixas concentrações de *n-hexano* e metanol (1/50, 1/100) não mostraram nenhuma zona de inibição contra *Aspergillus niger*, enquanto o clorofórmio permaneceu resistente aos organismos testados em todos os níveis de concentração. Os extractos brutos também foram utilizados para observar os valores da zona de inibição e *o n-hexano* apresentou resultados superiores aos do clorofórmio e do metanol, com 19,41±0,35 mm, 17,1±1,46 mm e 11,7±0,9 mm, respetivamente (Fig. 5). O extrato aquoso não apresentou zona de inibição em todas as concentrações.

Tabela. VI: Zona de inibição (mm) de *Aspergillus niger*.

Concentrations	Control (mm)	n-Hexane (mm)	Chloroform (mm)	Methanol (mm)	Aqueous extract (mm)
Crude		19.4±0.35	17.1±1.46	11.7±0.92	0±0
1/1	8.06±1.6	9.03±0.83	22.2±0.66	8.4±0.83	0±0
1/10	15±0.92	6.5±0.8	16.1±0.63	6.03±1.35	0±0
1/50	18.5±0.8	0±0	16.3±0.72	0±0	0±0
1/100	25.8±0.92	0±0	9.2±0.68	0±0	0±0

*Os resultados relatados foram realizados em triplicado e expressos como média ± S.E.

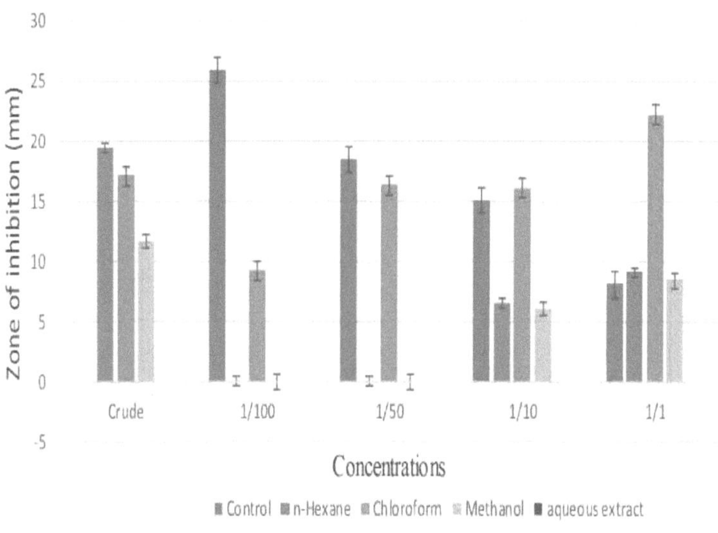

Fig. 5 Representação gráfica de *Aspergillus niger* em várias concentrações.

4. *Botrytis* sp.

Contra *Botrytis* sp., o extrato de metanol estava no topo dos extractos de algas com o valor mais elevado de 25,4±0,58, que era superior ao controlo com 18,1±0,92 na concentração 1/1. No entanto, os valores mais baixos de n-hexano e metanol não mostraram zona de inibição (Tabela VII). O clorofórmio permanece constante em todos os níveis de concentração e ocupa o segundo lugar depois do metanol. Os extractos brutos de metanol apresentaram valores muito elevados de 30,1±0,2, que foram superiores aos dos extractos brutos de clorofórmio e *n-hexano*, com 19,8±0,4 e 10,8±0,8, respetivamente. O extrato aquoso não apresentou qualquer zona de inibição (Fig. 4). Tanto o n-hexano como o metanol não apresentaram zona de inibição na concentração de 1/100.

Tabela. VII: Zona de inibição (mm) causada por *Botrytis* sp.

Concentrations	Control (mm)	*n*-Hexane (mm)	Chloroform (mm)	Methanol (mm)	Aqueous extract (mm)
Crude		10.8±0.8	19.8±0.4	30.1±0.2	0±0
1/1	18.1±0.92	6.1±0.6	17.5±0.8	25.4±0.58	0±0
1/10	16±1.1	2.3±0.4	10.4±0.34	17.3±0.34	0±0
1/50	7.8±0.92	3.1±0.75	9.8±0.7	2.5±0.32	0±0
1/100	5.4±0.29	0±0	6.5±0.5	0±0	0±0

*Os resultados relatados foram realizados em triplicado e expressos como média ± S.E.

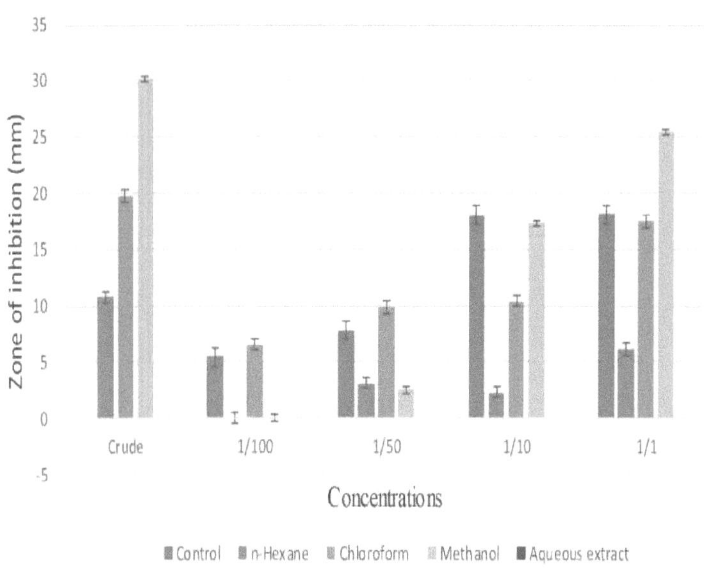

Fig. 6. Representação gráfica de *Botrytis* sp. em diferentes concentrações.

5. *Aspergillus oryzea:*

Contra *Aspergillus oryzea,* todos os extractos de algas, juntamente com o controlo, apresentaram resultados comparáveis, com o clorofórmio a ocupar o primeiro lugar com 28,6± 0,7 mm, o que é superior ao metanol, ao n-hexano e mesmo ao controlo com 25,5± 1,3, 18,1± 0,6 e 25,8±0,6 mm, respetivamente. Neste caso, todos os extractos foram consistentes em todos os níveis de concentração e apresentaram resultados positivos contra os organismos testados (Quadro VIII). É interessante notar que, contra *Aspergillus oryzea,* todos os tipos de valores de inibição foram superiores aos do extrato bruto de n-hexano, com o valor mais elevado de 31,0±0,53 mm em comparação com o controlo (Fig. 7).

Tabela. VIII: Zona de inibição (mm) de *Aspergillus oryzea.*

Concentrations	Control (mm)	*n*-Hexane (mm)	Chloroform (mm)	Methanol (mm)	Aqueous extract (mm)
Crude		31±0.57	24.6±0.88	28.6±1.4	0±0
1/1	25.8±0.6	18.1±0.6	28.6±0.7	25.5±1.3	0±0
1/10	23.1±1.0	4.25±0.75	26.1±0.4	24±0.5	0±0
1/50	12.8±0.6	15.5±0.5	23.1±0.7	26.3±0.72	0±0
1/100	13.1±0.4	21.3±0.88	18.8±0.92	20.5±0.75	0±0

*Os resultados relatados foram realizados em triplicado e expressos como média ± S.E.

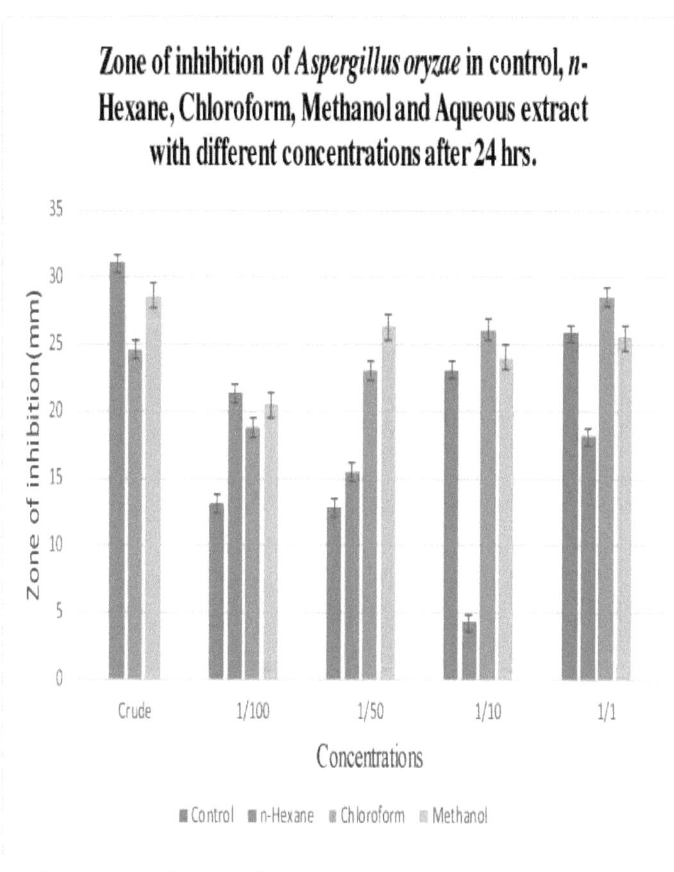

Fig. 7 Representação gráfica de *Aspergillus oryzea* em várias concentrações.

6: *Penicillium notatum:*

Contra o *Penicillum notatum,* o extrato de n-hexano apresentou o valor mais elevado (Tab. IX) com 29,1 ± 0,75 mm na concentração 1/10, o que foi muito próximo da concentração 1/1, que foi de 28 ± 1,15 mm. Além disso, o clorofórmio e o metanol apresentaram valores até à segunda e terceira posição, respetivamente, depois do *n-hexano,* caso em que o extrato aquoso das algas apresentou um resultado satisfatório apenas contra *Penicillium stolonifer.* É interessante notar que todos os tipos de extractos apresentaram valores elevados da zona de inibição em relação ao controlo contra este fungo (Fig. 8).

Tabela. IX: Zona de inibição mostrada por *Penicillium notatum* (mm).

Concentrations	Control (mm)	n-Hexane (mm)	Chloroform (mm)	Methanol (mm)	Aqueous extract (mm)
Crude		25±0.5	23±0.57	28±1.52	8.3±1.2
1/1	14±1.15	28±1.15	22.3±1.85	26±0.57	7.6±0.7
1/10	17.3±0.8	29±0.57	25±0.57	22.66±1.45	4.1±0.49
1/50	12±0.5	24.3±0.08	20±0.57	20.3±0.88	3.25±0.25
1/100	7.6±0.08	15±0.57	17.6±0.88	17.3±0.88	1.5±0.28

*Os resultados relatados foram realizados em triplicado e expressos como média ± S.E.

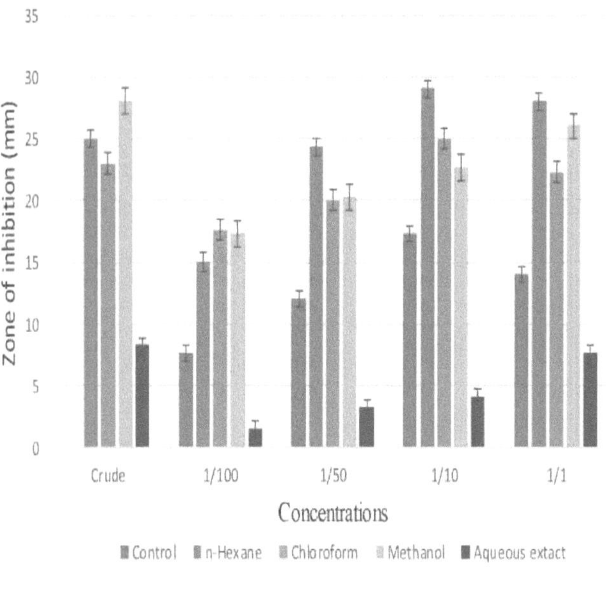

Fig. 8: Representação gráfica de *Penicillium notatum* em várias concentrações.

Capítulo 5 Discussão

Uma análise exaustiva do trabalho experimental mostrou que a alga testada é sempre um bom agente antifúngico em vários solventes para além da água. Quase todas as concentrações do extrato em cada solvente apresentaram resultados comparáveis aos do controlo, que é um antibiótico de terceira geração utilizado contra os fungos testados. Em geral, os extractos em clorofórmio e metanol apresentaram uma excelente atividade antifúngica, enquanto o extrato em n-hexano apresentou um resultado satisfatório.

Pandithurai *et al.* 2015 investigaram a atividade antifúngica da alga castanha *Spactoglossum asperum,* que apresentou excelentes resultados em metanol e clorofórmio. Radhika (2016) testou a atividade antifúngica da *Padina pavonica* contra várias espécies de fungos. Eles formaram o extrato de etanol de forma eficiente, enquanto o metanol e a acetona contra *Candida albican* por Zovko *et al*, 2012.

Amara *et al.* (2012) relataram a atividade antifúngica de vários extractos em diferentes concentrações. Segundo eles, os extratos em metanol e etanol mostraram a maior zona de inibição, enquanto os resultados de outros solventes mostraram menor atividade. Contra *Trichoderma* sp., o extrato de clorofórmio apresentou excelentes resultados, que foram consistentes em todos os aspectos com o controlo utilizado na experiência. Resultados semelhantes foram relatados por Khalil et al. 2015, que usaram algumas cepas de *Sargassum vulgarus,* um membro da Phaeophyta, contra *Penicillium stolonifer* e muitas espécies de *Alternaria alternate.*

Nas experiências realizadas, o extrato de n-hexano das algas provou ser um forte agente antifúngico contra *Penicillium notatum* em todas as concentrações. No entanto, o extrato de n-hexano a 1/100 (g/ml) não mostrou qualquer efeito contra *Aspergillus niger, Botrytis* sp. e *Rhizopus stolonifer*, uma vez que exibiu as propriedades antifúngicas mais reduzidas (Quadro X-Apêndice 1).

O extrato de metanol foi um excelente agente antifúngico contra *Aspergillus oryzea* e *Botrytis* sp. na concentração 1/1 com um máximo contra *Botrytis* sp. na forma bruta. O efeito mais baixo foi contra *Aspergillus niger, Trichoderma* sp. e *Rhizopus stolonifer* na forma de concentração mais baixa (Tabela XI - Anexo 1). Foram obtidos resultados fiáveis para todos os extractos em clorofórmio contra todos os fungos testados. O extrato de algas mais óbvio foi um forte agente contra *Trichoderma* sp. em todas as concentrações preparadas. A segunda atividade antifúngica mais forte foi mostrada contra *Aspergillus oryzae. A atividade* antifúngica mais baixa foi observada contra *Botrytis* sp. (Tabela XII - Anexo 1). O extrato de Agal com extrato aquoso não mostrou atividade antifúngica contra todas as espécies de fungos, exceto *Penicillium notatum,* que mostrou a menor atividade, nomeadamente 8,3±1,2 mm em bruto, 7,6±o,7 para 1/1 e 1,5±0,28 na concentração 1/100 (Tabela XIII-Apêndice 1).

Os resultados da atividade antifúngica da *Padina tetrastromatica* F. Hauck contra seis espécies de fungos (Quadro II) mostraram que a alga castanha tem muito boas propriedades antifúngicas. Numa comparação de todos os extractos de solventes, o clorofórmio provou ser um melhor agente antifúngico do que os outros três extractos disponíveis (metanol, n-hexano e água). Foi excelente contra *Trichoderma* sp. e *Penicillium notatum, Aspergillus oryzea* e *Aspergillus niger*, respetivamente. O metanol e o *n-hexano* mostraram uma atividade antifúngica satisfatória, mas o extrato aquoso não mostrou uma boa atividade contra espécies fúngicas, com exceção do *Penicillium notatum,* para o qual mostrou a atividade mais baixa, quase insignificante.

Referências

Amara, E., M. Anilda, e A. Kelly. 2012. extractos de macroalgas marinhas contra dermatófitos e espécies de Candida. *Mycopath,* 174(3): 223-232.

Ara, J., V. Sultan. R. Qasim e S. Ethesham ul Haque. 2005. Atividade biológica de *Spatoglossum asperum:* uma alga castanha. *Phyto,* 19(7): 618-623.

Ballesteros, E., D. Martin e M.J. Uriz. 1992. atividade biológica de extractos de algumas macrófitas mediterrânicas. *Bot. Mar.,* 35(1): 481-485.

Cortes, Y., E. Hormazabal, e H. Leal. 2014. nova atividade antimicrobiana de um extrato de diclorometano obtido da alga vermelha *Ceramium rubrum* (Hudson) (Rhodophyta: Florideophyceae) contra *Yersinia ruckeri* e *Saprolegnia parasitica*, agentes causadores de doenças em salmonídeos. *Elec. J. Biotech*, 17(3): 126-131.

De Almeida, C.L.F., H.S. Falcoa e G.R.M. Lima. 2011. bioactividades de algas marinhas do género *Gracilaria. Int. J. Mol. Sci*, 12(1): 4550-4570.

Johansen, D.A. 1940. *Plant microtechnique.* McGraw-Hill Book Co, Inc, Nova Iorque. pp: 543.

Júlio, C. F. P., L. Carvalho e E. Gonealez. 2012. Avaliação da atividade antifúngica de algas marinhas. *Lacras*, 3: 294-299.

Kausalya, M., e G.M. Narasimha. 2015. atividade antimicrobiana de algas marinhas. *Algal Biomass.* 6(1): 78-87.

Khallil, A. M., M. Daghman, e A. Fady. 2015. potencial antifúngico em extractos brutos de cinco algas castanhas seleccionadas recolhidas na costa ocidental da Líbia. *J. Microbiol. Tecnologia Moderna*, 1: 100- 103.

Khanzada, A.K., Wazir Shaikh e T. G. Kazi. 2007. Atividade antifúngica, análise elementar e determinação da proteína total da alga marinha Soliseria robusta (Grevilie) Kyline da costa de Karachi. *Pak. J. Bot.,* 39(3): 931-937.

Kirby, W. M., G. M. Yoshihara. K. S. Sundsted e J. H. Warren. 1956. utilidade clínica de um método de disco único para antibióticos. pp: 892.

Lopes, G., P. Andrade, and P. Valentae. 2015. screening de extractos de algas marinhas para actividades antifúngicas. *J. Mol. Bio*, 1308: 411-20.

Luis, M., J., Z. O. Cantillociau e G.J. Mena Rejon. 2006. Rastreio das actividades antibacterianas e antifúngicas de 6 macroalgas marinhas da costa da Península de Yacutan. *Phar. Bio,* 44(8): 633-635.

Manivannan, K., G. Karthikai, e P. Anantharmam. 2011. Potencial antimicrobiano de algas castanhas seleccionadas das águas costeiras de Vedalai, Golfo de Mannan. Asian. *Pac. J. Trop. Biomed*, 1(2): 114-120.

Mhadhebi, L., K. Chaieb, e A. Bouraoi. 2012. avaliação da atividade antimicrobiana de fracções orgânicas de seis algas marinhas da costa mediterrânica tunisina. *Int. J. Sci.* 4(1): 534537.

Mubina, B. e N. Khatoon.1988. distribuição e algumas notas ecológicas sobre Phaeophyta da costa de Karachi. *Pak. J. Bot.,* 20: 93-97.

Bem, K., M. Hiba e C. Asma. 2012. actividades antioxidantes e antifúngicas de *Padina pavonica* e *Sargassum vulgare da* costa mediterrânica libanesa. *Adv. Env. Bio.,* 6(1): 4248.

Naqvi, S.W.A., S.Y. Kamal, L. Fernandes e C.V.G. Reddy. 1980. Triagem de algumas plantas marinhas da costa indiana para a sua atividade biológica. *Bot. Mar.,* 17(1): 51-55.

Pandian, P., S. Selvamuthukumar, e R. Manavalan. 2011. Rastreio das actividades antibacterianas e antifúngicas da alga vermelha *Acanthophora spicifera* (Rhodophyceace). *J. Biomed.*

Sci. Res., 3(3): 444-448.

Pandithur, A.I. M., M. Subbiah, S. Vajiravelu, e T. Selvan. 2015.   Atividade antifúngica de
Vários extractos de solventes da alga castanha marinha *Spataglossum asperu*. *Int. J. Pharm. Chem.*, 1: 115-119.

Perez, M. J., E. Falque, e H. Dominguez. 2016. efeitos antimicrobianos de compostos de algas marinhas. *Mar. Drugs*, 14(1): 52-57.

Radhika, D. e R. Priya. 2016. atividade antifúngica de *Acanthophora spicifera*, *Padina tetrastromatica* e *Caulerpa scalpelloformis* contra alguns patógenos fúngicos em forma bruta e fracionada. *J. Pharm. Pharm. Sci.*, 3: 1155-1162.

Rizvi, M.A. e M. Shameel. 2004. Estudos sobre bioatividade e elementologia de algas marinhas da costa de Karachi, Paquistão. *Pak. J. Bot.*, 18(11): 865-872.

Saidani, K., F. Bedjou, F. Benabdesselam, e N. Touati. 2012. atividade antifúngica de extractos metanólicos de quatro espécies de algas marinhas da Argélia. *J. Biotech*, 111: 9496-9500.

Samit, A. J. 2004. utilização medicinal e farmacêutica de produtos naturais de algas. *J. appl. phycol.*, 16: 245-262.

Shameel, M. 2008. Alteração da nomenclatura departamental na classificação de algas de Shameel. *Int. J. Phycol. Phycochem*, 4(2): 225-232.

Shameel, M. 2010. mudança na nomenclatura da divisão na classificação de algas de Shameel. *Int. J. Phycol. Phycochem.*, 8(2): 150-160.

Shimaa, M., S.S. Ali, e M. M. El Skeekh. 2016. atividade antimicrobiana de algumas espécies de algas do Mar Vermelho contra bactérias multirresistentes. *Egyt. J. Aqua. Res.*, 42(1): 6574.

Tanaka, J. e M. Shameel. 1992. *macroalgas nas florestas de mangue do Paquistão*. Em Cryptogamic Flora of Pakistan. Nakaike, T. e S. Malik (Eds). *Nat. Sci. Mus.* Tóquio. pp: 75-85.

Tariq,V. N. 1991. atividade antifúngica em extractos brutos de algas vermelhas marinhas. *Myco. Res.*, 95(12): 1433-1435.

Tuney, I., B. Hilal e D. Unal. 2006. Actividades antimicrobianas de extractos de algas marinhas da costa de Urla (Izmir, Turquia). *Turk. J. Bio,* 3(1): 171-175.

Valeem, E.E. 2007. Desenvolvimento costeiro para a destruição das ilhas Bundal, Buddo e Khuddi. *Mon. subh. Kar.,* 5: 36-40.

Zovko, A., M.V. Gabri, e S. Kristina. 2012. atividade antifúngica e antibacteriana de análogos poliméricos de 3-alquilpiridínio de toxinas marinhas. *Int. biodet. Biode.*, 68: 71-77

Prato

Painel a. Zona de inibição de *Trichoderma sp.* em (a) *n-hexano*, (b) clorofórmio, (c) metanol e (d) extrato aquoso com diferentes concentrações (bruto, 1/1, 1/10, 1/50, 1/100) após 24 horas.

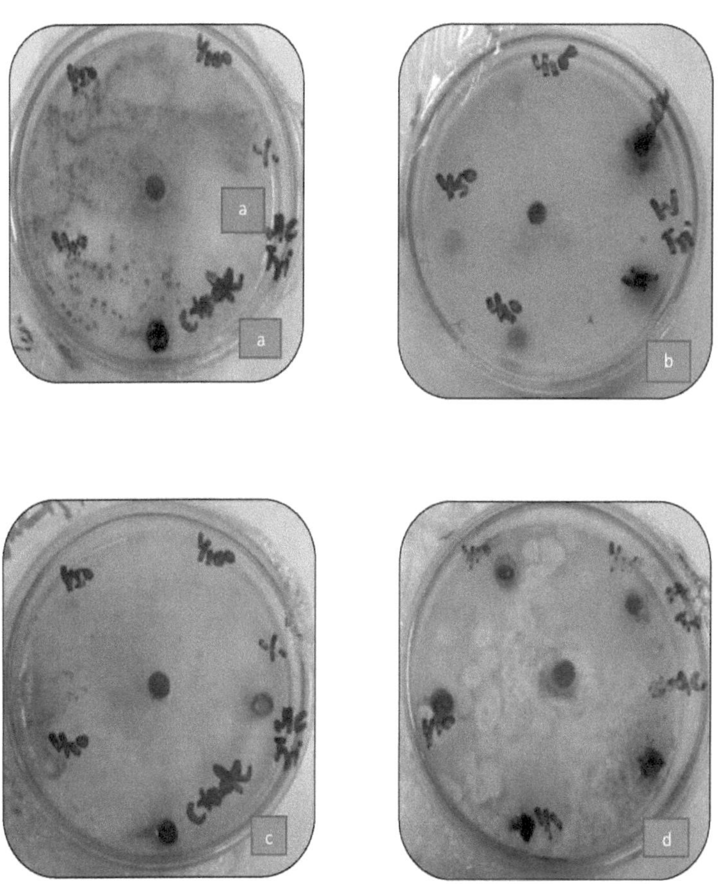

Painel b. Zona de inibição de *Aspergillus niger* em (a) n-hexano, (b) clorofórmio, (c)
metanol e extrato aquoso com diferentes concentrações (bruto, 1/1,1/10,1/50,1/100) durante 24
horas.

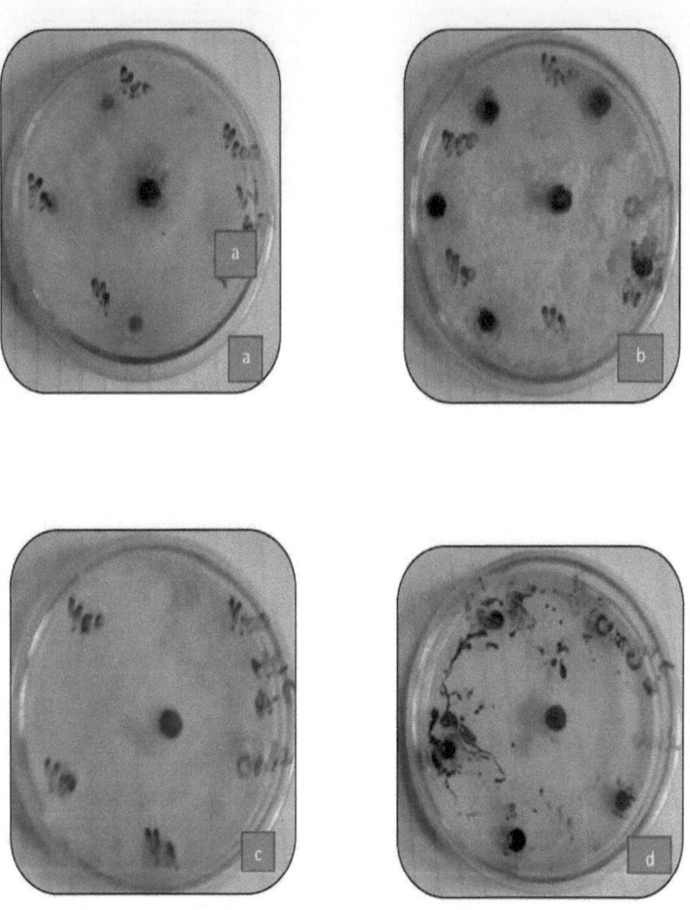

Placa c. Zona de inibição de *Rhizopus stolonifer* em (a) n-hexano, (b) clorofórmio, (c) metanol
e (d) extrato aquoso com diferentes concentrações (bruto, 1/1, 1/10, 1/50, 1/100) durante 24
horas.

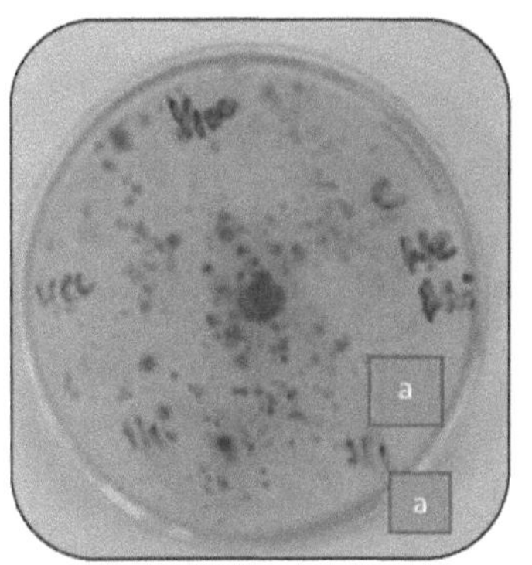
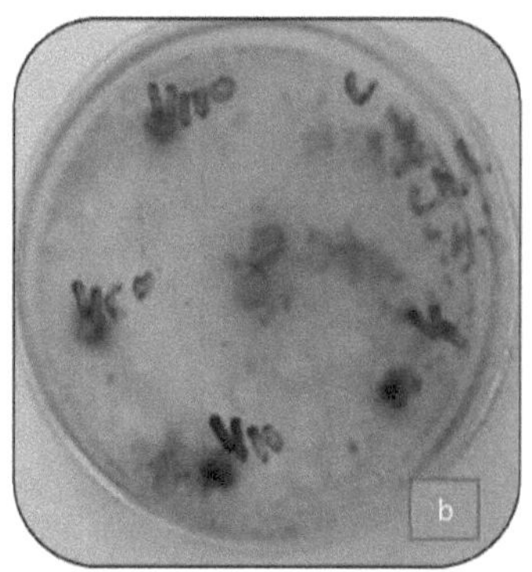
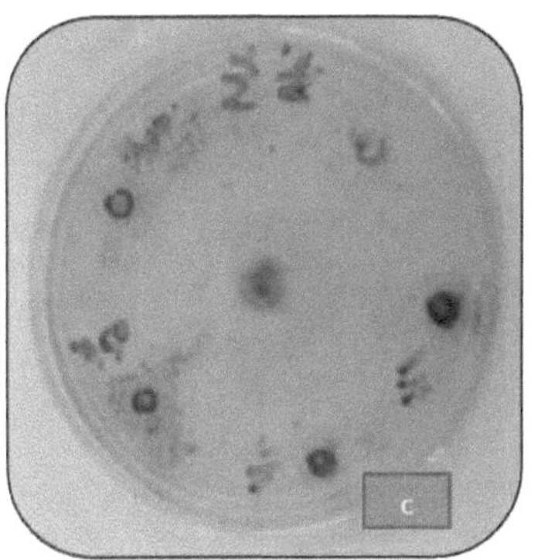
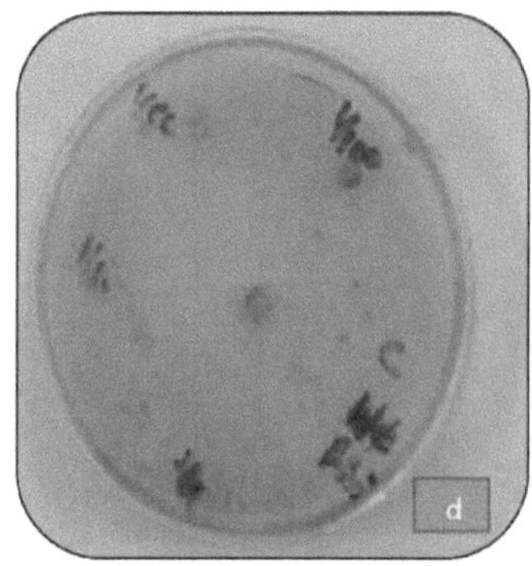

Tabela d. Zona de inibição de *Botrytis* sp. em (a) *n-hexano*, (b) clorofórmio, (c) metanol e (d) extrato aquoso com diferentes concentrações (bruto, 1/1, 1/10, 1/50, 1/100) durante 24 horas.

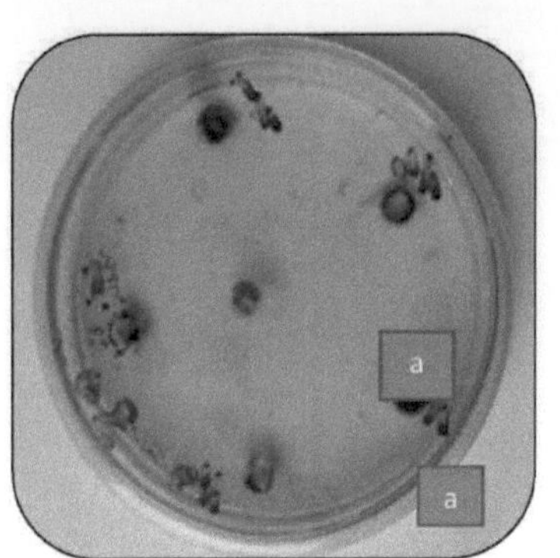
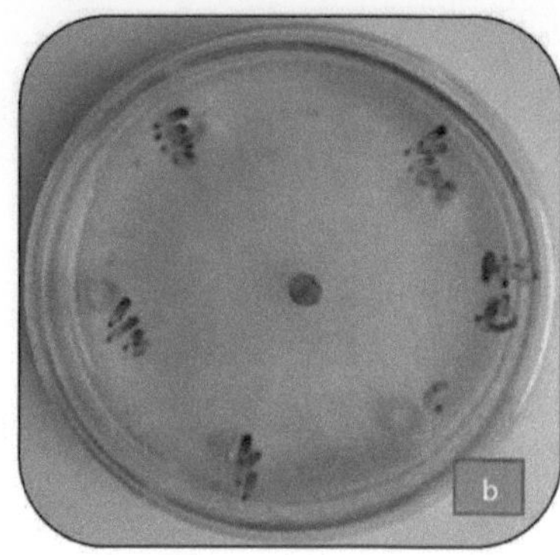
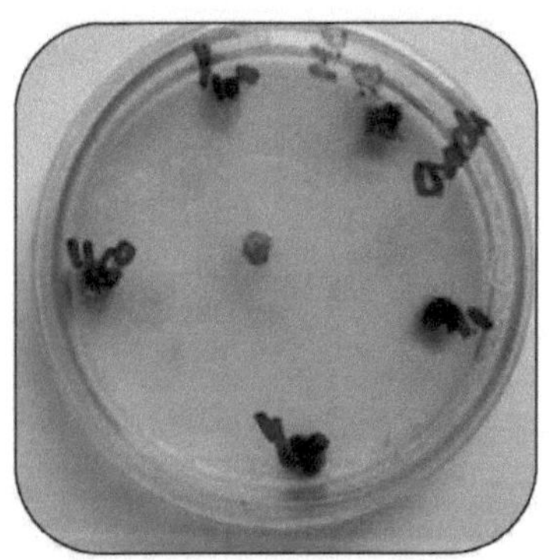
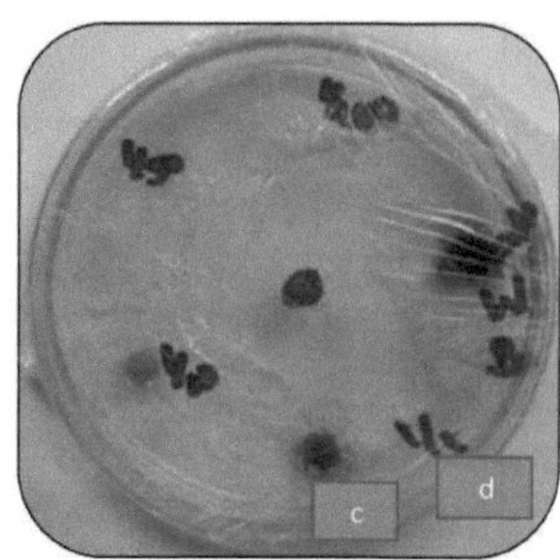

Tabela e. Zona de inibição de *Penicillium notatum.* em (a) n-hexano, (b) clorofórmio, (c) metanol e (d) extrato aquoso com diferentes concentrações (bruto, 1/1, 1/10, 1/50, 1/100) durante 24 horas.

49

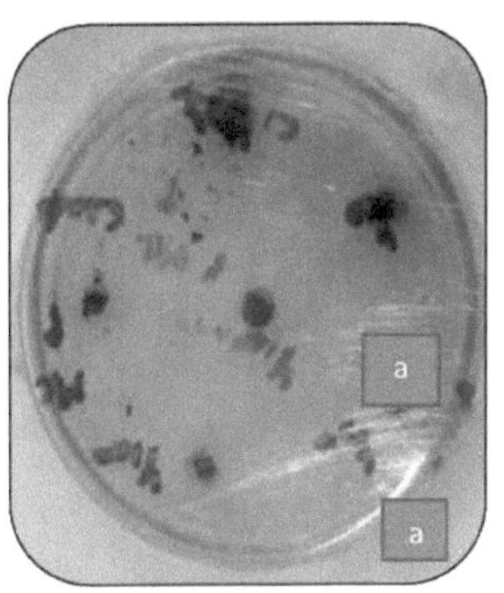

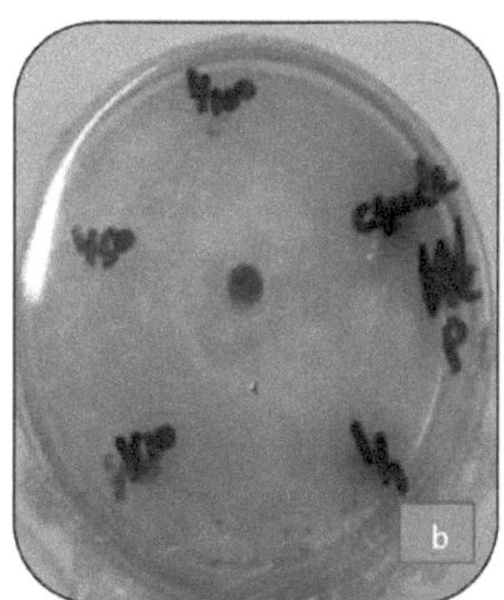

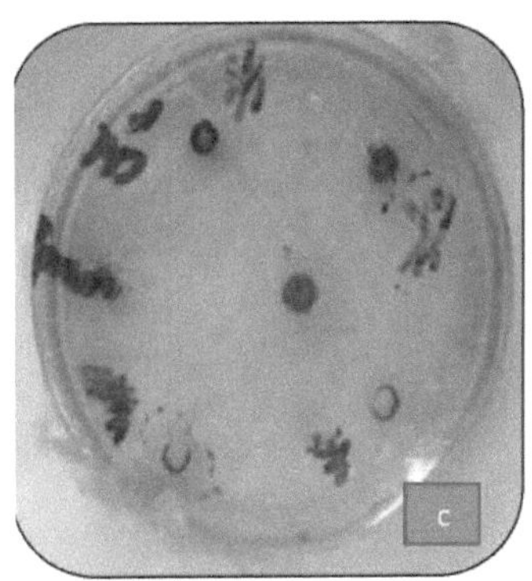

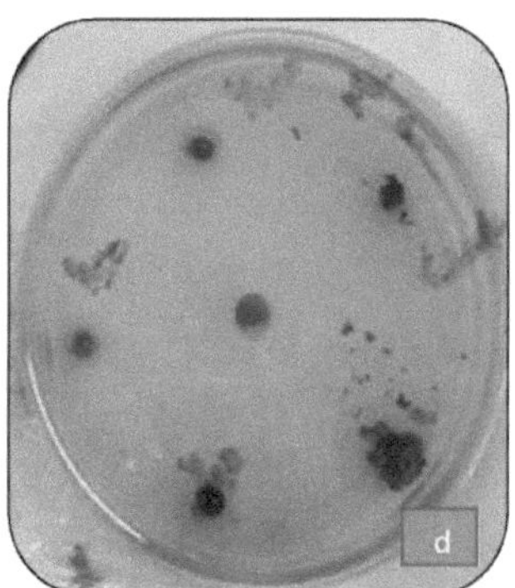

Placa f. Zona de inibição de *Aspergillus oryzea.* em (a) *n-hexano*, (b) clorofórmio, (c) metanol e (d) extrato aquoso com diferentes concentrações (bruto, 1/1,1/10,1/50,1/100) durante 24 horas.

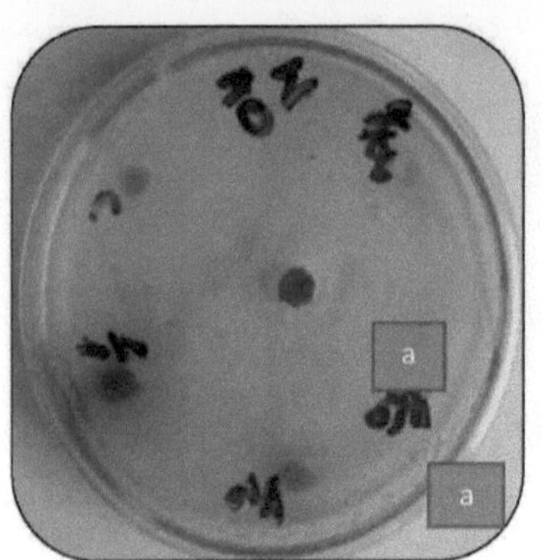
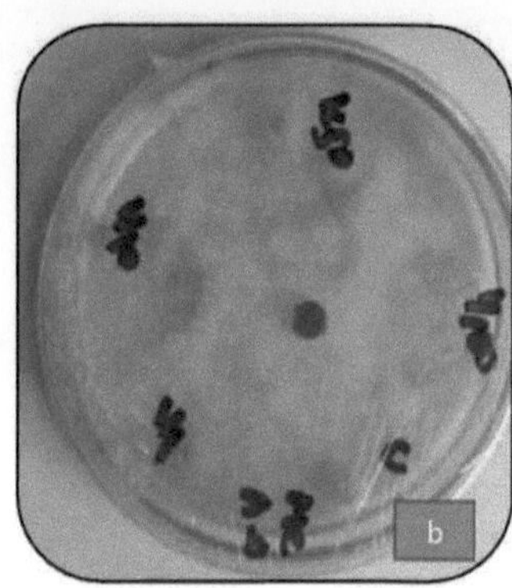
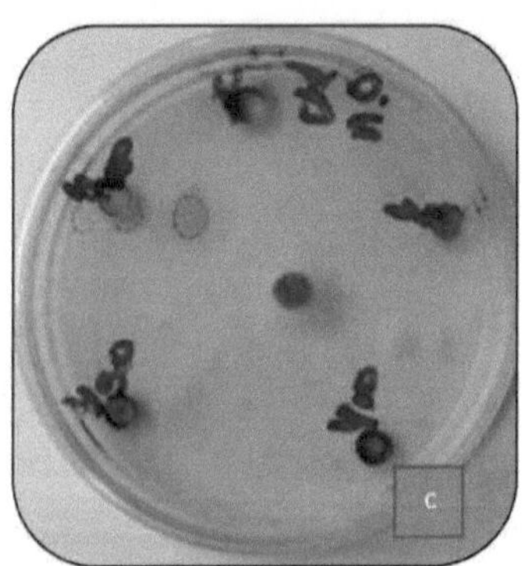
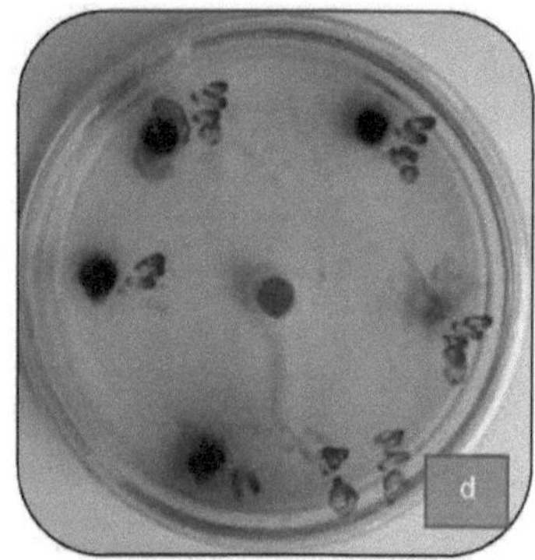

Placa g. Zona de inibição de (a) *Trichoderma* sp., *(b) Rhizopus stilonifer, (c) Aspergillus niger e (d) Botrytis* sp. contra o padrão de fluconozole após 24 horas.

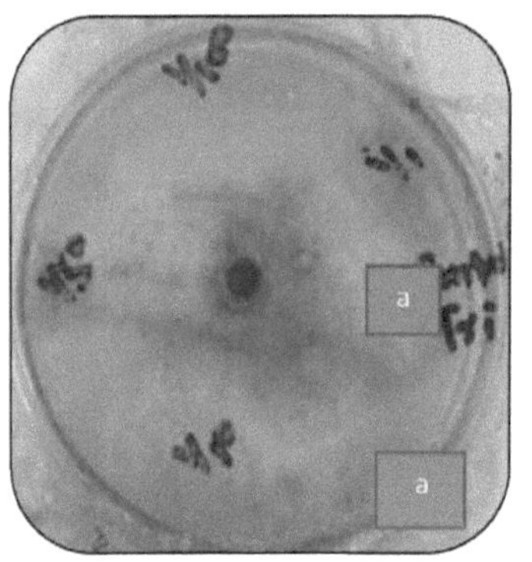
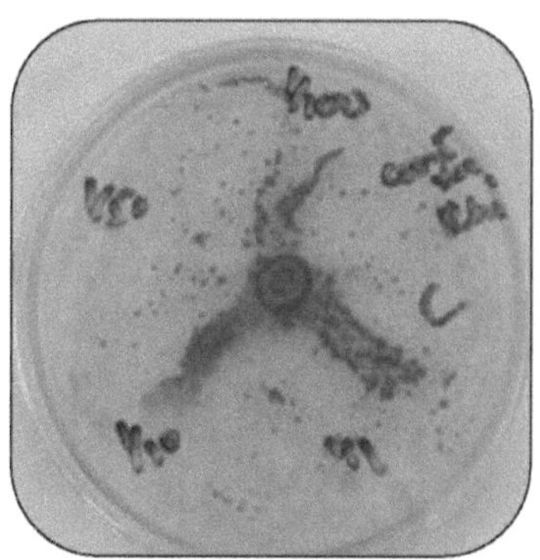
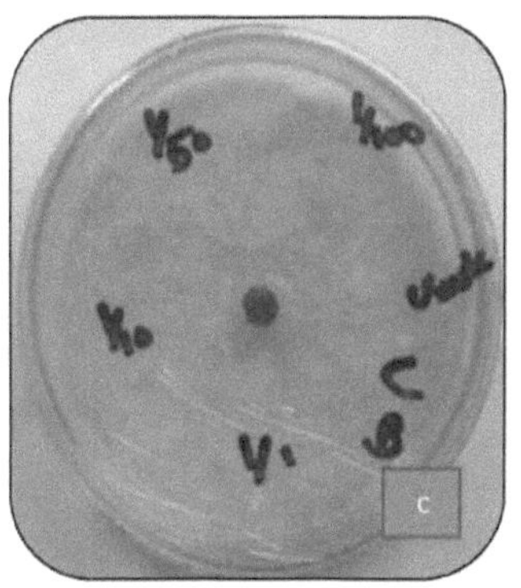
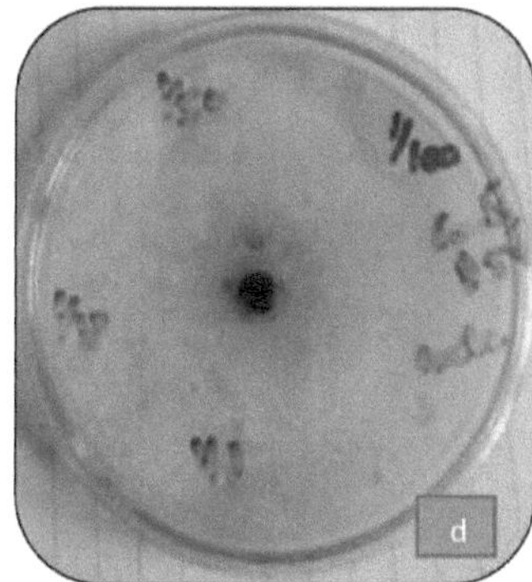

Placa h. Zona de inibição de (e) *Penicillium notatum* e *(f) Aspergillus oryzea* contra o padrão de fluconazol após 24 horas.

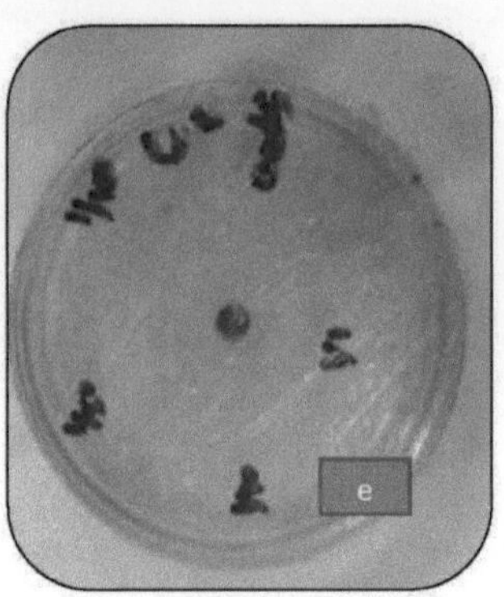

	1/1	1/10	1/50	1/100	Crude
Trichoerma sp.	6.8±1.1	2.7±0.7	2.4±0.23	1.7±0.47	7.2±0.4
Aspergillus.niger	9.03±0.3	6.5±0.8	-	-	19.4±0.35
Aspergillus.Oryzea	18.1±0.6	4.25±0.75	15.5±0.5	21.3±0.88	31±0.57
Botrytis sp.	6.1±0.6	2.3±0.4	3.1±0.75	-	10.8±0.8
Rhizopus. stolonifer	8.2±0.38	6.8±1.09	-	-	19.3±0.4
Penicillium notatum	28±1.1	26±0.5	24.3±0.88	15±0.57	29±0.57

Comparação de extractos brutos de solventes com espécies de fungos.

Table X. Zona de inibição em mm das espécies de fungos por n-hexano

	1/1	1/10	1/50	1/100	Crude
Trichoerma sp.	5.8±0.43	8.3±0.5	16.2±0.63	20.4±0.95	28.2±0.38
Aspergillus.niger	8.4±0.83	6.0±0.13	-	-	11.7±0.92
Aspergillus.Oryzea	25.5±1.3	24±0.5	26.3±0.72	20.5±0.75	28.6±1.4
Botrytis sp.	25.4±0.58	17.3±0.34	2.5±0.32	-	30.1±0.2
Rhizopus. stolonifer	8.2±0.38	6.8±1.09	-	-	19.3±0.4
Penicillium notatum	26±0.57	22.66±1.4	20.3±0.88	17.3±0.88	28±1.52

Table XI. Zona de inibição em mm das espécies de fungos por metanol.

Table XII. Zona de inibição em mm das espécies de fungos detectadas pelo clorofórmio.

	1/1	1/10	1/50	1/100	Crude
Trichoderma sp.	32.1±0.55	29.4±0.35	27.4±0.31	24.9±0.9	40.3±0.38
Apergillus niger	22.2±0.66	16.1±0.63	16.3±0.72	9.2±0.68	17.1±1.4
Aspergillus oryzea	26.1±0.44	24.6±0.88	23.1±0.7	18.8±0.9	28.6±0.7
Botrytis sp.	17.5±0.8	10.4±0.3	9.8±0.7	6.5±0.5	19.8±0.4
Rhizopus stolonifer	8.5±0.83	3.3±0.35	-	-	9.5±0.4
Penicillium notatum	23±0.5	22.3±1.8	20±0.5	17.6±o.8	25±0.5

Zona de inibição em mm das espécies de fungos pelo extrato aquoso.

	1/1	1/10	1/50	1/100	crude
Trichoerma	-	-	-	-	-
Aspergillus niger	-	-	-	-	-
Aspergillus oryzea	-	-	-	-	-
Botrytis sp.	-	-	-	-	-
Rhizopus stolonifer	-	-	-	-	-
Penicillium notatum	7.6±o.7	4.1±0.4	3.2±0.25	1.5±0.28	8.3±1.2

Índice

Printed by Books on Demand GmbH, Norderstedt / Germany